田口护的咖啡冲泡秘诀

田口護·美味しい珈琲バイブル

【日】田口护　主编　王慧　译

中国民族摄影艺术出版社

图书在版编目（CIP）数据

田口护的咖啡冲泡秘诀 / (日) 田口护主编；王慧译. -- 北京：中国民族摄影艺术出版社, 2016.4
ISBN 978-7-5122-0833-9

Ⅰ. ①田… Ⅱ. ①田… ②王… Ⅲ. ①咖啡—配制 Ⅳ. ①TS273

中国版本图书馆CIP数据核字(2016)第060301号

策划制作：北京书锦缘咨询有限公司（www.booklink.com.cn）
总 策 划：陈　庆
策　　划：李　伟
设计制作：柯秀翠

书　名：田口护的咖啡冲泡秘诀
作　者：［日］田口护
译　者：王　慧
责　编：张　宇　连　莲
出　版：中国民族摄影艺术出版社
地　址：北京东城区和平里北街14号（100013）
发　行：010-64211754　84250639　64906396
印　刷：天津市蓟县宏图印务有限公司
开　本：1/16　170mm × 240mm
印　张：11
字　数：128千字
版　次：2018年5月第1版第3次印刷
ISBN 978-7-5122-0833-9
定　价：48.00元

【CONTENTS】

目录

本书的使用方法

本书介绍了三孔卡利塔式（Kalita）的 4 种滤纸滴漏式咖啡，我们可以随心情的不同改变咖啡的冲泡方法。通过咖啡豆、咖啡杂学、咖啡配方等知识引领大家踏上美味的咖啡之路（包括风味咖啡和咖啡配方）。

第一章

美味咖啡的冲泡方法

只要掌握烘焙、研磨、选豆以及冲泡方法的要点，我们就能够冲泡出更为美味的咖啡。今天我向大家介绍常见咖啡（覆盖范围从滤纸滴漏式咖啡到意式咖啡）的冲泡方法。

美味咖啡的冲泡方法

咖啡豆的选用

要想冲泡出美味的咖啡，选用质量上乘的咖啡豆是大前提。咖啡的酸味和苦味大体来说是由烘焙程度决定的，但是咖啡本质上的味道是由咖啡豆的品质决定的。也就是说，要想冲泡出美味的咖啡，烘焙程度是其次，其基本还是在咖啡豆，不能使用劣质的咖啡豆（P73~124），要使用香味成分均匀的优质咖啡豆。不同种类的咖啡豆有不同的风味，咖啡豆的产地和牌子也会影响到咖啡的风味，这一点大家也可以参考一下（P100~119）。

我们在咖啡卖场上看到的大多是经过烘焙的茶色咖啡豆，咖啡豆原本称为咖啡生豆，呈绿色。普通的咖啡店不会出售咖啡生豆，但是一些自己进行烘焙的专业咖啡店有售，所以大家可以尝试到这些专业咖啡店咨询。

咖啡豆的烘焙

咖啡生豆没有味道也没有香气。经过烘焙后才会散发出独特的香味。并且，根据烘焙程度的不同，成分的均匀程度也会发生变化。大家一定能找到自己喜欢的味道。

烘焙程序在以前看来专业程度很高，所以很多人都放弃了尝试，但是现在我们在家也可以很容易地进行烘焙。无论怎么说，出色的烘焙能够冲泡出美味的咖啡，这是最让人欣喜的一点。

冲泡方法

烘焙后便到了咖啡豆的研磨程序。提高冲泡质量的关键在于改变咖啡粉的粗细，我们要结合提炼方法来改变咖啡粉的粗细。接下来我们一起来了解一下咖啡用具与咖啡粉之间的关系吧！

提炼方法是多种多样的，我们稍候会为大家一一介绍。咖啡用具的种类姑且不论，我们要注意均匀研磨咖啡豆。如果研磨不均匀，冲泡出来的咖啡就会出现浓度差，味道也会有瑕疵。

请大家享用美味的咖啡！

烘焙要点

所谓烘焙

指的就是煎炒咖啡生豆。咖啡豆经过煎炒，就会变成我们平常所看到的色泽和味道。烘焙程度可以分为“浅度烘焙”“中度烘焙”“深度烘焙” 3 个阶段。但是这种分类方式并不能够细分咖啡的味道，所以我们采用烘焙的 8 种方式进行分类，从极浅烘焙到极深烘焙（P6）。

极浅烘焙，浅烘焙为浅度烘焙；微中烘焙，中烘焙为中度烘焙；深烘焙和极深烘焙为深度烘焙。

浅度烘焙的酸味会比较浓，深度烘焙的苦味会比较浓。这种变化在很多咖啡豆当中都是相通的，所以咖啡的烘焙程度能够成为了解咖啡风味的大致线索。但是，产自高地的阿拉比卡咖啡豆即便是经过深度烘焙，也会留下酸味，所以我们对这一点也要做一下了解。

购买咖啡豆的时候，好好查看咖啡豆的外表也是鉴别要点之一，烘焙程度合适的咖啡豆膨胀程度好，色泽均匀。如果咖啡豆有瑕疵，那么咖啡就容易出现杂味。烘焙过后的大约 2 周内为咖啡豆最新鲜的状态。所以我们可以购买在这期间能够喝完的咖啡量，这一点也很重要。

烘焙与时间

新鲜的咖啡豆烘焙后并没有放置那么久的时间，虽然说这种咖啡豆很好，但是它并不像烘焙后马上冲泡的咖啡美味。咖啡豆经过烘焙后，会产生大量的二氧化碳，如果我们将其研磨成粉状并冲泡，会产生大量的粗气泡，咖啡粉与水的融合度很差。我们可以将烘焙过后的咖啡豆放置一段时间后再冲泡，这时的咖啡才是最美味的。

根据烘焙程度的不同，咖啡的酸味和苦味强弱会有很大的区别，但是咖啡最本质的美味大多是由咖啡豆的品质决定的。所以在咖啡豆的加工过程中，我们要注意使用优质的咖啡豆，合适的烘焙程度以及适当的贮存方式。

咖啡豆的贮存方式

为了延缓氧化速度，烘焙过后的咖啡豆要放置在远离紫外线的阴凉场所。即刻使用的咖啡豆要放入带垫片的咖啡罐内，并将罐子存放在阴凉的场所，尽量在烘焙后的 2 周内喝完。如果咖啡豆要保存 2 周以上时间，要将其放入带拉链的食品专用袋，并把袋子放入冰箱存放。使用时，将袋子取出，待恢复到常温即可。

用塑料袋将咖啡豆分成小份，最后分别放入带拉链的食品专用袋内进行冷冻保存。我们将它分成几小份，这样每次冲泡时使用需要的分量即可，十分便利。

将咖啡豆放入食物罐内，中间可以放入一些圆形的保鲜膜减少空气的量，这是为了减少罐内咖啡豆之间的空隙，延缓氧化的速度。

烘焙程度表

我们要根据咖啡的种类调整咖啡豆的烘焙程度!

FRENCH
法式极深烘焙

这种烘焙程度的咖啡基本没有酸味，苦味和醇香味很重。与牛奶混合在一起，有很重的咖啡味，适合于制作牛奶咖啡和拿铁。也适合于制作意大利浓咖啡。色泽接近于黑色。

CITY
中深烘焙

中深烘焙程度的咖啡酸味得到抑制，苦味和醇香味稍浓。咖啡店内和家庭内较为常见。色泽为深茶褐色。中、深程度烘焙的咖啡是生活在美国都市的人们喜欢的咖啡口味。

ITALIAN
意式极深烘焙

这种烘焙程度为最高程度。带有刺激感，苦味很重，香味很浓，适合于制作意大利浓咖啡等。色泽为黑色，表面有油膜。

FULLCITY
深烘焙

咖啡生豆含有脂肪成分，另外，深烘焙的咖啡没有酸味，苦味较为突出，大家可以享受到烘焙后残留下来较浓烈的味道。色泽呈深巧克力色。适合用于制作冰咖啡。

MEDIUM
微中烘焙

这种程度烘焙出来的咖啡豆开始有了咖啡的香味。如果在微中烘焙的程度下继续进行烘焙，咖啡豆的颜色就会逐渐变成我们平常所见到的栗子色。微中烘焙的咖啡主要呈酸味，略带一点苦味，口味香醇，适合于制作美式咖啡。

LIGHT
极浅烘焙

这是最轻度的烘焙程度。漂亮的小麦色，看起来十分美味。酸味比较突出，基本感觉不到香味和苦味，不适合饮用。极浅烘焙大多适用于测试烘焙程度，查看生豆特性的试饮情况。

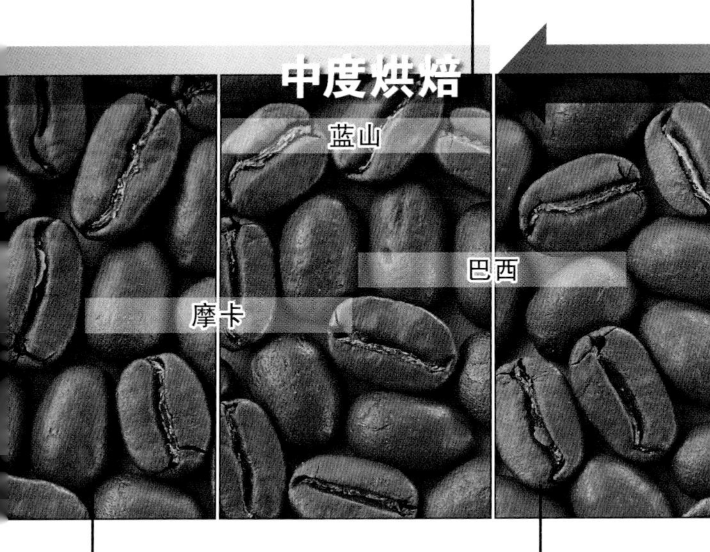

HIGH
中烘焙

中烘焙程度的咖啡常见于咖啡店，这是最标准的咖啡豆烘焙程度，酸味，苦味，甜味十分均衡，适用于制作不加冰的咖啡以及拼配咖啡。色泽为茶褐色。

CINNAMON
浅烘焙

与极浅烘焙相比，香味比较突出，酸味浓，无苦味。这种烘焙程度与极浅烘焙一样，常用于测试。颜色与肉桂接近，酸味突出的优质咖啡豆很适合于制作黑咖啡。

研磨要点

用工具进行研磨

一般来说，咖啡的制作包括炒煎（烘焙）、研磨、冲泡，这3道程序是很重要的。如果我们能够在自己家中研磨已烘焙的咖啡豆是最好的。将咖啡豆研磨成粉状，增加咖啡豆与空气的接触面积，这样能够加快氧化的速度，增加咖啡的香味。

咖啡粉的粗细称为细度。这中间可以分为4个阶段，分别是“粗研磨”“中研磨”“细研磨”和“极细研磨”，主要根据研磨工具来划分。咖啡豆颗粒的大小决定提炼时成分的渗出方式和过滤速度。意式浓咖啡机是在高压情况下让沸水流过，短时间内实现成分的提炼，适合成分易于提炼的极细研磨。如果运用于滤纸滴漏式咖啡制作，过滤时间（注入热水后提炼液体会滴漏到咖啡壶内）较长，到最后才能提炼出咖啡豆中的成分，甚至连焦糊味也会被提炼出来，所以我们要根据器具选择合理的研磨方式。

研磨咖啡豆的时候，要特别注意粉的均匀性。如果大颗粒与小颗粒混合在一起，那么咖啡的浓度、酸味、苦味都会有瑕疵，是一种带杂味的咖啡。

另外，还有一个要注意的地方，就是微粉，也就是细粉的发酵量。如果微粉过多，焦糊味和涩味都会比较突出。细粉的发酵量是由咖啡研磨机的种类决定的。

研磨的颗粒大小与提炼器具

粗糖大小。适合于法式压滤咖啡过滤器等，这种沉浸式提炼器具通过调整咖啡粉与沸水接触时间的长短改变咖啡的味道，沸水无限循环进行提炼操作。

提炼器具

法式压滤咖啡过滤器
滤纸滴漏式咖啡过滤器
咖啡厂家过滤器等

介于砂糖与粗糖之间的大小。这种细度适合于滤纸滴漏式咖啡机以及法兰绒滴漏式咖啡机等家庭普遍使用的提炼器具。这种细度易于提炼，酸味，苦味和浓度都能均衡提炼。

提炼器具

滤纸滴漏式咖啡过滤器
法兰绒滴漏式咖啡机
虹吸式咖啡机等

砂糖大小。这种细度的咖啡粉提炼时去除了苦味，适合于冲泡意式浓咖啡以及用滴漏式咖啡壶制作而成的浓咖啡。也可以用于长时间沉浸于水中进行提炼的冰滴咖啡。

提炼器具

滴漏式咖啡壶
滤纸滴漏式咖啡过滤器等

粉状细度。这种细度的咖啡粉容易提炼出酸味浅，苦味突出的咖啡。主要用于冲泡意式浓咖啡。有些研磨机无法研磨到粉状细度，所以我们购买研磨机时要仔细确认。

提炼器具

意式浓咖啡机等

咖啡研磨机的挑选方法

大致种类

研磨机大致可以分为手动研磨机和电动研磨机。手动研磨机可以让人享受研磨咖啡豆时亲自动手的乐趣，价格也比较合适。旋转手柄的速度并不稳定，但是如果我们习惯了这种节奏，就不会有什么问题了。

电动研磨机是用一种类似螺旋桨一样的刀片磨碎咖啡豆，其优点是易于维修，但是由于电动研磨机没有粒度调整功能，所以必须根据研磨时间的长短来判断调整粒子的大小。优质的研磨机不仅能够调整粒度，也可以减少细粉与摩擦热的发生，从而保持住咖啡豆原本的味道。

咖啡研磨机的大致种类

手动研磨机

亲自动手进行研磨带给人们操作乐趣

电动研磨机

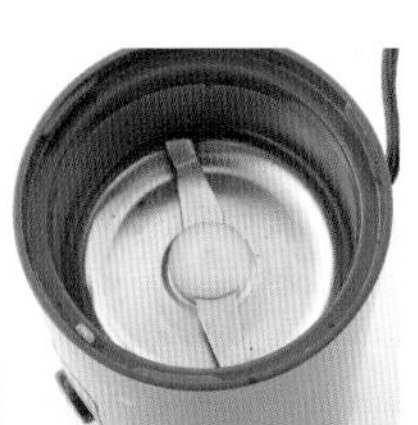

大小合适且维修方便

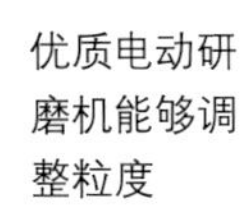

优质电动研磨机能够调整粒度

研磨要点

手动研磨机要用均匀的速度进行研磨，这是协调提炼过程的要点。压紧研磨机，这与研磨机的稳定性有很大的联系。

电动研磨机大小合适，用像螺旋桨一样的刀刃研磨咖啡豆，我们可以根据研磨时间的长短调整粉末的细度。如果我们上下摇动，就可以均匀研磨咖啡豆。

无论是什么样的研磨机，保养都很重要。使用完研磨机后要清理干净里面的残留粉末，否则会散发出怪味。

调味提炼要素

酸味与苦味的均衡

我们之前提到过，酸味与苦味的均衡是由烘焙和提炼程序决定的，但是如下页图表所示，粉末的冲泡量，热水的温度以及提炼速度都会影响味道的均衡程度。

这种现象与咖啡中酸性成分和苦味成分的性质有关。热水注入咖啡粉内，酸性成分会先溶解到液体内，之后，苦味成分才会出现。因此如果我们能够加快提炼速度，将粗细度控制在粉末状，就能够在苦味成分充分融化之前激发粉末的酸味成分，让酸味更浓。此外，咖啡还有一个特征，那就是即便在低温下，粉末的酸味成分也能够溶解，但是苦味成分却必须在高温情况下才能溶解。

体会咖啡味道的变化

如下页图表所示，各种要素的相互作用能够改变咖啡的味道。我们以滤纸滴漏式咖啡为例。如果是“深度烘焙→粗研磨→高温→较快的提炼速度”的加工程序，就会冲泡出带苦味的美式咖啡。即便我们使用相同的咖啡豆，但是其加工程序改为“深度烘焙→细研磨→低温→较慢的提炼速度”，就会给咖啡添加一种醇香的味道，咖啡既有苦味又有甘味，味道特色十足。冲泡方法不同，咖啡的味道也随之发生变化。为了能让大家体会到这一点，我们来实际操作一遍。

咖啡粉末的量，水温以及提炼速度能给味道带来变化，如果能够熟记这些变化，那我们就能冲泡出味道稳定的咖啡了。

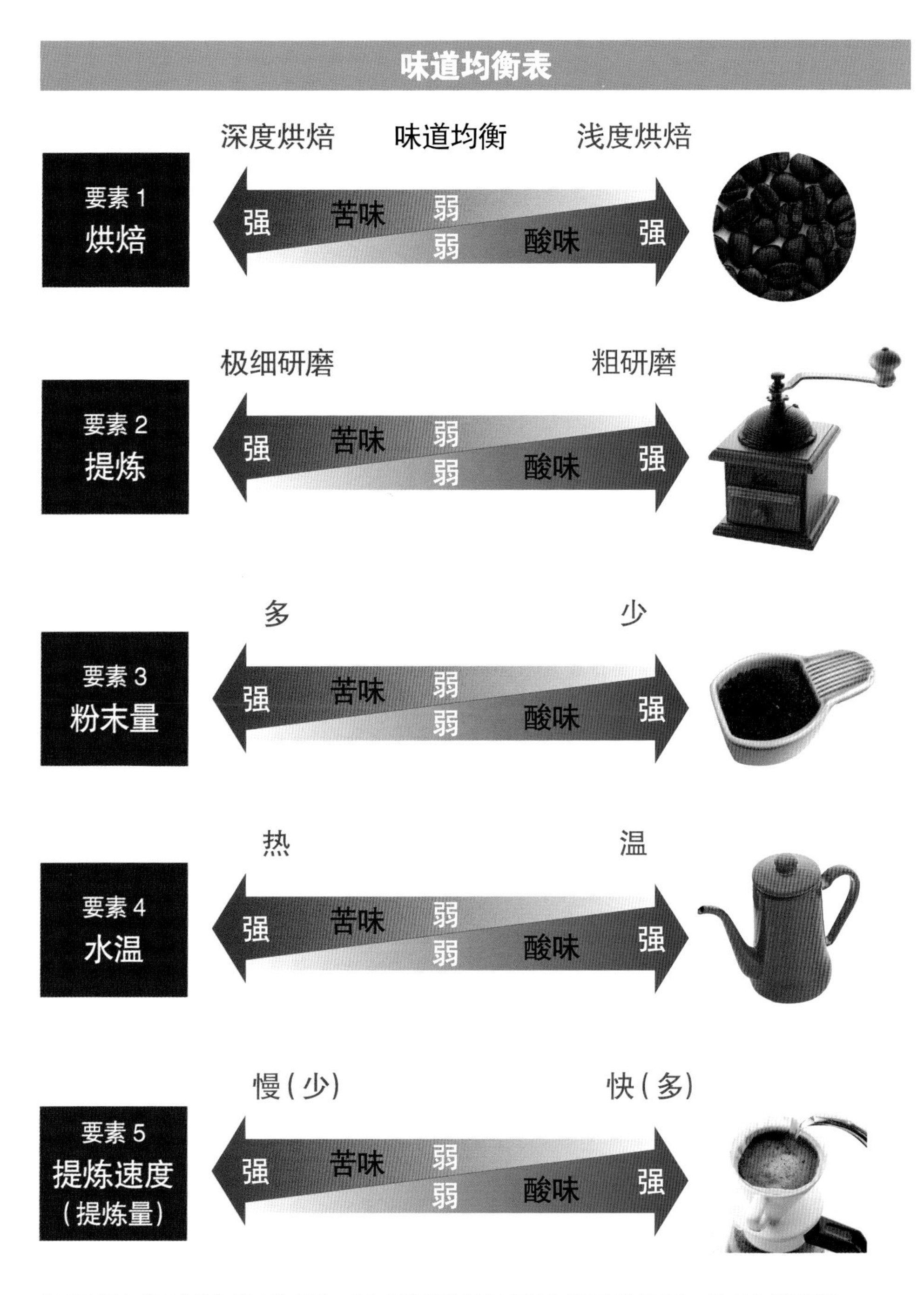

为了了解咖啡豆味道与香味的差异，我们要常常控制上述的影响要素进行冲泡，这是非常重要的。如果我们能够灵活搭配控制各个要素条件，冲泡出来的咖啡就能够接近想要的味道了。

何谓冲泡咖啡?

提炼器具的特征

选好咖啡豆，做好研磨准备后，就到了提炼环节了。

掌握冲泡诀窍其实并不是一件很难的事情。我们首先来牢固掌握一下基本功吧!

提炼的方法多种多样，本书主要以滤纸滴漏式咖啡、法兰绒滴漏式咖啡、虹吸式咖啡、法式压滤咖啡、机制意式咖啡为主，下面为大家介绍咖啡的提炼方法。

制作简易的咖啡，能够保持稳定味道的咖啡，适合大量提炼的咖啡等等，这些咖啡的提炼都有各自的特征。要想冲泡出自己喜欢的咖啡，就必须了解器具的性质，这一点是很重要的。因此，我们要找到能够冲泡出自己喜欢的咖啡的器具。

➡ P16

滤纸滴漏式咖啡

法兰绒滴漏式咖啡

虹吸式咖啡

法式压滤咖啡

意式咖啡

何谓滤纸滴漏式咖啡？

冲泡虽然简易但是奥妙颇深

20 世纪初，一位德国的家庭主妇梅利塔用简易的方法冲泡出了美味的咖啡，随后这种方法广泛流传开来，这便是滤纸滴漏式咖啡。这种咖啡制作方法的优点在于价格合适，使用后的滤纸，连带咖啡粉末一起可以丢弃，整理起来非常方便。

如果使用优质咖啡豆，并经过适当的烘焙，那么我们都能够冲泡出美味的咖啡。这种冲泡方法的特征便是能够让人直接感觉到咖啡的味道，换句话说，这种冲泡方法能够激发出咖啡原始的味道，咖啡豆的味道究竟是好还是坏。尽管冲泡方法简单，但是这却是一种非常讲究、奥妙颇深的方法。

提炼方法的特征

滤纸滴漏式咖啡机的奥妙之处在于它的提炼方法。法式压滤咖啡机可以设定提炼时间（提炼出咖啡成分的时间），但是滤纸滴漏式咖啡机在将开水注入咖啡粉的同时，提炼液也会滴漏在咖啡壶内，所以滤纸滴漏式咖啡机无法设定提炼时间。我们花了 3 分钟冲泡咖啡，加入几次沸水的时候，咖啡成分的提炼量也会发生变化。

另外，用法式压滤咖啡机冲泡咖啡时，如果要增加咖啡杯数，那么粉末和沸水的量就要加到二三倍。一旦滤纸滴漏式咖啡机内的粉末过多，从提炼到提炼成分滴漏到咖啡壶的过程需要花费很多时间，由于成分提炼量增加，所以咖啡的味道不会很纯（咖啡粉分量参照 P34）。

要说为什么，可能有点难，但是只要掌握了这些基础，就不需要担心了。我们首先从器具的特征开始学习吧！

■道具与咖啡粉

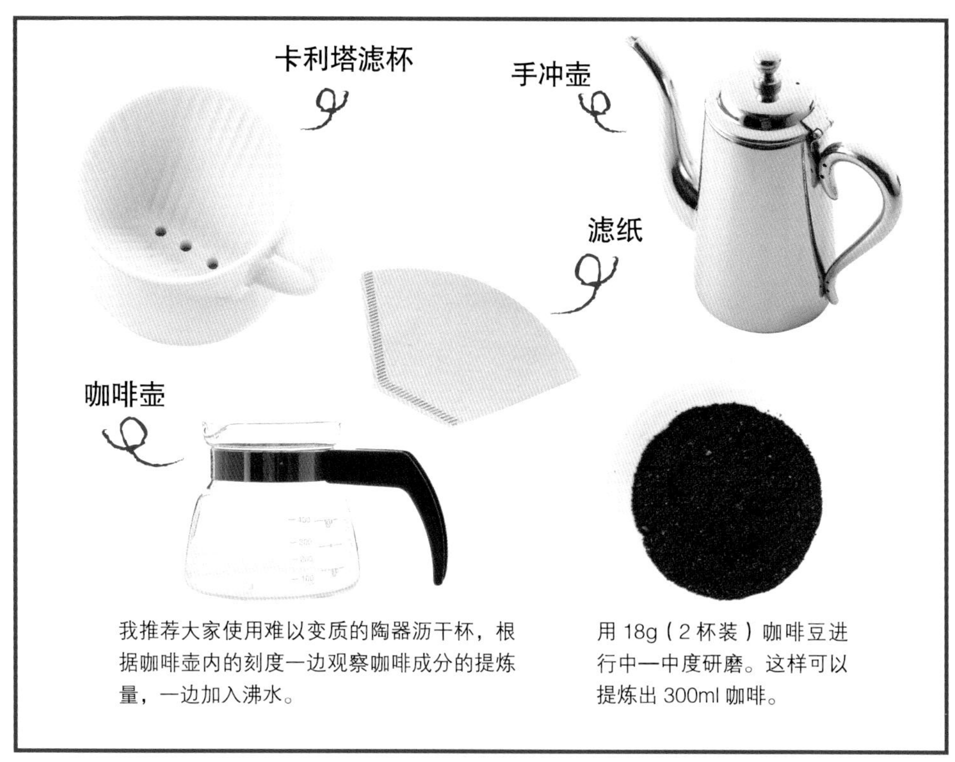

我推荐大家使用难以变质的陶器沥干杯，根据咖啡壶内的刻度一边观察咖啡成分的提炼量，一边加入沸水。

用 18g（2 杯装）咖啡豆进行中一中度研磨。这样可以提炼出 300ml 咖啡。

滤杯的特征

梅利塔滤杯（单孔）

这种单孔滤杯使用比较简单，即便是初学者也不会使咖啡的味道发生太大的偏差。到蒸煮程序之前，单孔滤杯的操作都与卡利塔三孔滤杯相同。蒸煮过后，只需加入 1 次沸水就能够提炼出美味的咖啡了。

卡利塔滤杯（三孔）

卡利塔的咖啡只需要用一般的冲泡方法，注入沸水，就能够调整咖啡的味道。开始的时候要细细地注入沸水，之后水流变大，要将提炼出的成分冲泡至浅色。

圆锥形滤杯（Kono式）

这种圆锥形的过滤器只有下部有螺旋纹，上部有阻挡涩味的作用，由于注入的沸水会向周围渗透，并集中落到底部，所以能够提炼出纯正的咖啡，不让咖啡豆的风味丢失。

圆锥形滤杯（Hario式）

这种滤杯是圆锥形的，有一个很大的孔。滤纸与滤杯的空隙之间有螺旋纹，中间存在空气可以通过的部分，味道与法兰绒滴漏式咖啡的味道相近。

滤纸滴漏式咖啡的冲泡要点

即便是初学者，也能够轻松掌握，并冲泡出美味的滤纸滴漏式咖啡，这种咖啡的普及程度最广。但是要想保持咖啡味道的稳定性，还是有奥妙和难度的。其中，了解器具的特性是很重要的。

● 如果滤杯上的螺旋纹（过滤器接触面上的凹凸）很低，螺旋纹与过滤器之间的间隙会变得较窄，空气只能从下面的孔穿过。这样一来，空气会从咖啡粉的膨胀面喷出，一旦膨胀，过滤层就会被压坏。因此我们在购买的时候，要仔细检查一下（→ P21）。

● 冲泡放置时间较久的咖啡粉时，一旦水温低，注水时中间部分容易凹陷下沉。所以在冲泡滤纸滴漏式咖啡时，要使用新鲜的咖啡豆以及煮沸的水。

● 如果将热水注入煎炒完的新鲜咖啡豆内，有可能会发生膨胀面破裂，咖啡溢出的情况。所以第一次注入热水的时候，水流要小一些，确认是否有细泡产生。

● 要用中性洗涤剂清洗使用后的滤杯和过滤器。有些滤杯是塑料制作的，咖啡啧难以脱落，所以清洗的时候必须要小心。另外，塑料滤杯与陶器滤杯相比更容易因为高温而变形，所以也必须多加注意。

滴滤式道具的选择

滤杯

滤杯可以分为两类。一类是蒸煮过后注入一次沸水进行提炼的器具；另一类是蒸煮过后注入多次沸水进行提炼的器具。

如果是蒸煮过后注入一次沸水进行提炼的器具，其底部只有 1 个孔，过滤速度较慢，注入沸水时，沸水容易停留在滤杯内。因此，这种沸水注入方式会让咖啡的味道区别难以体现。这可以说是冲泡味道稳定咖啡的特征。

如果是蒸煮过后多次加入沸水进行提炼的器具，沸水难以停留在滤杯内。因此，这种沸水注入方式使得咖啡的味道调整成为可能，咖啡味道的差异容易体现，能够冲泡出很多口味的咖啡。

单孔滤杯为梅利塔式滤杯，三孔滤杯为卡利塔式滤杯，自古以来，这两种类型的滤杯广为人们所熟知。

蒸煮过后多次注入沸水进行提炼的滤杯

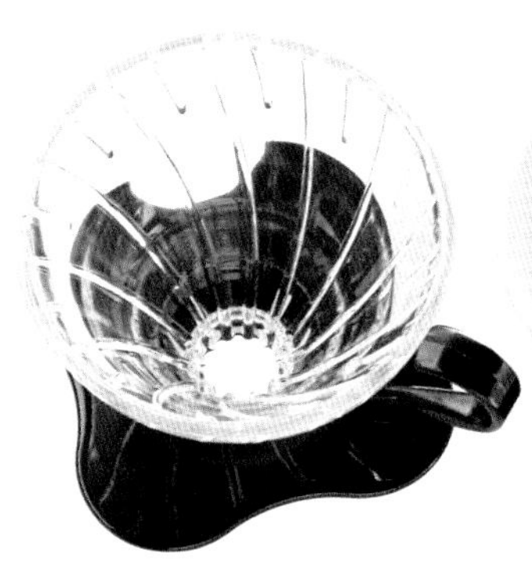

圆锥形

二孔滤杯

三孔滤杯（卡利塔式）

这种滤杯能够调整咖啡的味道。这种方法简易且为人们所熟知。

蒸煮过后注入一次沸水进行提炼的滤杯

单孔滤杯（梅利塔式）

这种注入方式难以表现出咖啡味道的差异，所以其稳定性强，味道调整自由度低。

请大家注意上面的螺旋纹

滤杯内侧的沟内有凹凸的纹理，用○表示，这道沟是滤杯与过滤器之间的空气通道，让蒸煮可以均衡进行，提高沸水的注入效果。

滤纸滴漏式咖啡机过滤器

大家要使用与滤杯尺寸相符合的过滤器。产品不同，冲泡出来的味道也会有所不同，所以一旦咖啡的味道出现不协调感觉时，我们只需要把沸水注入过滤器进行确认即可。虽然咖啡的颜色有白色和茶色，但是颜色不同并不会导致味道发生变化。

网眼的堵塞程度不同，液体的通过速度也不同。滤网可以分为两种，一种是不太会堵塞的欧洲人常用滤网，一种为会堵塞的正规滤网。

如果我们用网眼堵塞过滤器提炼烘焙过后的新鲜咖啡豆，那么提炼而成的咖啡沸水保持效果较好，苦味浓。这时，使用带有欧洲人常用滤网的过滤器是最合适的。

另一方面，如果我们提炼烘焙过后放置了一段时间的咖啡豆，那么带有正规滤网的过滤器则较为好用。

过滤器的折叠方法

①②侧面与底部的背面要往不同的方向折叠。准备几张过滤纸，折好与之前的叠放在一起（使用时一个一个使用）。③用大拇指和食指夹好侧面的背部并压住，整理形状。④食指放入内侧，用另一只手的大拇指从外侧压住，折好底部的两个角，为避免滤纸染上味道，我们可以将滤纸放入容器罐内。一次可以多折一些，这样需要时拿出使用即可，十分便利。

手冲壶

我们应该选用出水可细可粗的手冲壶。下图所示的手冲壶的壶嘴细，壶身胖。水流既可细又可粗，容易操作。壶嘴的根部到顶部非常细，水流细，如果我们加大力度，出水流就会变粗，

我们无法进行微小的力度调整。

用滤杯冲泡咖啡的时候，水流的粗细可以改变味道，因此手冲壶的选用也是有讲究的。

不锈钢手冲壶的提手不会传热，即便倾斜，其壶盖也不会掉落，所以使用起来比较便利。

卡利塔式滤杯的冲泡方法

首要步骤是提炼精华部分

用卡利塔式滤杯冲泡咖啡时，我们可以通过改变沸水的注入方式达到调整咖啡味道的目的。

首要步骤便是提炼精华部分，细细注入沸水，直到感觉到咖啡粉被稀释后，再加大水流。

理解顺序的意义

使用卡利塔式滤杯冲泡咖啡时，首先水流要细，要完全漫过咖啡粉，然后蒸一下咖啡粉（P26 工序 3~4），进行同样操作，第二次注入沸水，提炼咖啡中较浓的精华部分（工序 5~6），直到感觉到咖啡粉被稀释后，再次注入沸水（工序 7~8）。或许有些朋友会问，提炼出精华部分后，为什么要把沸水注入相同的咖啡粉内，并稀释浓度呢？

接下来我们来学习咖啡成分的提炼方法吧！

三孔滤杯很多时候都被称为卡利塔式滤杯，自古以来就广为大众所熟知。

掌握提炼方法

咖啡液的提炼由两个过程组成，分别是咖啡粉表面成分转移到沸水的过程以及咖啡粉中心成分转移到表面的过程。一旦我们将沸水注入到咖啡粉内，咖啡粉的表面成分会溶解并稀释，这种情况也可以看作是咖啡粉的中心成分转移到表面的过程。

将这个原理套用到 P26~27 的冲泡方法里面。

第一次注水的时候，水流冲走了表面的成分，在蒸煮的过程中，咖啡粉的中心成分浮到了表面。

第二次注水的时候，水流再次冲走了表面的成分。

到第三次注水为止，中心成分的大半已经浮出，之后，中心成分向表面的移动成分变少，所以第四次注水之后，提炼出的咖啡浓度会发生变化。

卡利塔式滤杯可以通过改变沸水的注入方式调整味道，这恰恰是提炼方法带来的影响。

Kalita 卡利塔式滤杯冲泡方法步骤

1 放入咖啡粉

在滤杯上放置过滤器，用量勺进行测量，放入足够的咖啡粉（1杯约10g）。

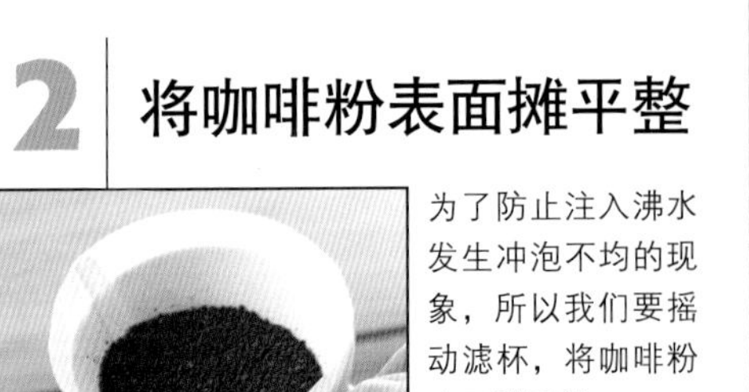

2 将咖啡粉表面摊平整

为了防止注入沸水发生冲泡不均的现象，所以我们要摇动滤杯，将咖啡粉表面摊平整。

3 第一次注入沸水

从咖啡粉中心开始螺旋式画圈，直至咖啡壶底部被提炼液覆盖，之后继续小水流注入沸水。

要点

新鲜咖啡豆的沸水注入适宜温度为80~84℃，注入时间标准为10~20秒。

咖啡壶情形

水流

4 蒸煮

咖啡粉表面会膨胀成半圆形，然后放置20~30秒，蒸煮一下咖啡粉。

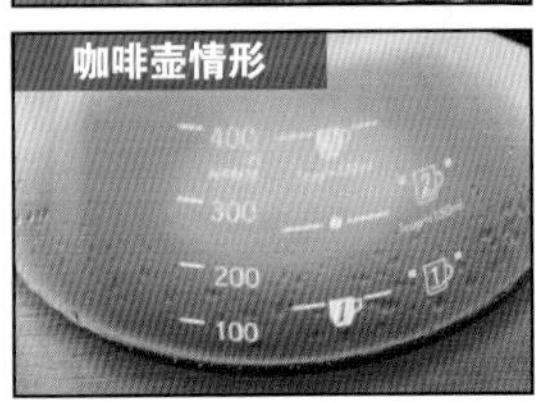

咖啡壶情形

停止注水

5 第二次注入沸水

感觉到咖啡粉表面的精华已经滴漏到咖啡壶时，重复步骤 3，注入沸水。

要点

注入时间标准为10~20 秒，在这个时间段内提炼咖啡液，液体量大概为100ml。

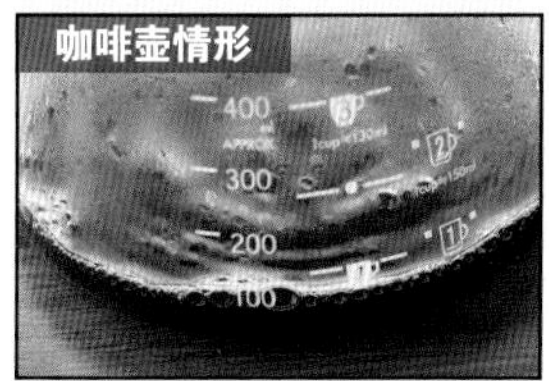

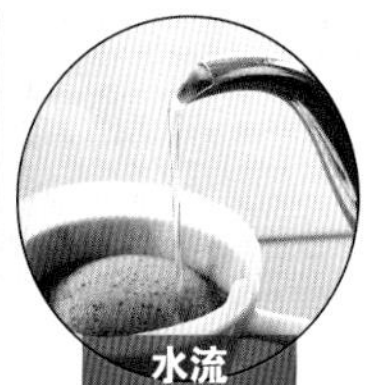

6 第三次注入沸水

咖啡粉表面凹陷，在提炼液落尽之前螺旋式画圈，之后注入第三次沸水。

要点

水流较粗，注入至咖啡粉表面呈现水平状。到此为止，我们已经完全提炼出咖啡的精华部分。

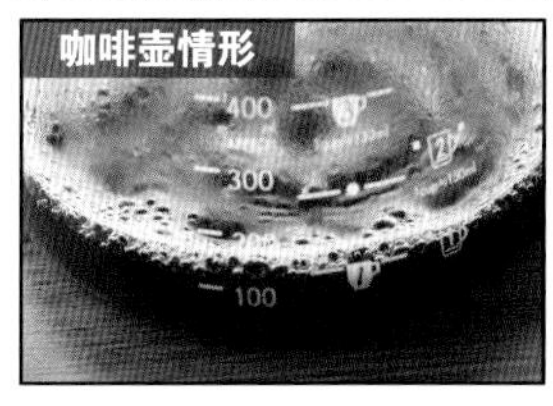

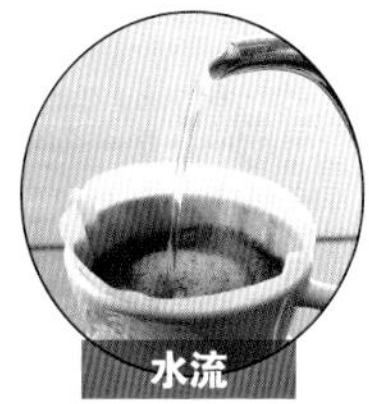

7 调整浓度

至第三次沸水注入为止，感觉到咖啡精华部分已经提炼完毕后，注入同样粗的水流。第四次之后根据提炼量注水。

要点

如果我们慢慢进行提炼，焦糊成分也会出现，所以我们要加快注入速度。

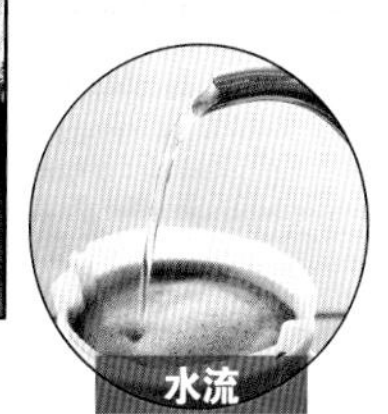

8 卸下滤杯

一旦提炼液到达咖啡壶刻度时，即便是滤杯中还剩下沸水，我们也要卸下滤杯。整个提炼过程大约 3 分钟。

要点

为了防止焦糊味混杂其中，我们应该在提炼液水量达到标准后马上卸下滤杯。

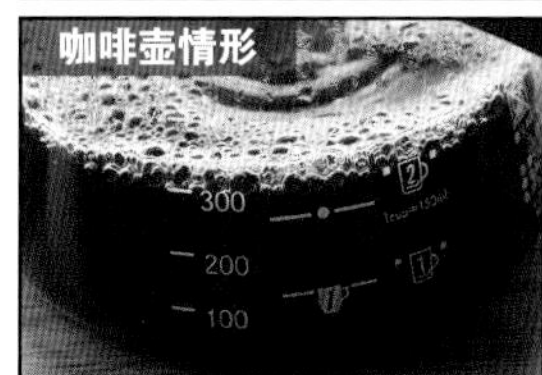

梅利塔式滤杯的冲泡方法

只需注水 1 次即可提炼出咖啡最好的味道

即便是初学者也能够掌握梅利塔式滤杯的冲泡方法。这种冲泡方式不会受冲泡者的影响，只要水温不发生偏差，无论是谁，都能够冲泡出相同味道的咖啡。

至蒸煮步骤为止的操作都与卡利塔式滤杯一致，之后只需注入 1 次沸水即可提炼出美味的咖啡。

Melitta

梅利塔式滤杯的冲泡方法

1 注入蒸煮沸水

将滤纸滴漏式过滤器放入滤杯，加入咖啡粉，与卡利塔式滤杯的操作方式一样，螺旋式画圈，然后注入沸水，水流要小。

要点

沸水的适宜温度为 80~84℃。

2 蒸煮

注入沸水，直至提炼液覆盖咖啡壶的底部，之后蒸煮 20~30 秒。

3 细水流注入沸水

螺旋式画圈，之后继续注入沸水，注意水流要细。

要点

之后继续注入沸水，一次性提炼咖啡液。为了不让咖啡粉过度膨胀，一开始时要注入细水流。

4 加快注水的速度

当咖啡粉的膨胀程度缓和下来以后，再螺旋式画圈，此时可以注入粗水流。

5 卸下滤杯

一旦提炼液到达需要的咖啡壶刻度时，即便是滤杯中还剩下沸水，我们也要马上卸下滤杯。

要点

为了防止焦糊味混杂其中，应该在提炼液水量达到标准后马上卸下滤杯。

圆锥形滤杯（Hario式）的冲泡方法

沸水会沿漩涡状的螺纹流至中心位置

水流像漩涡一样流至中心，这是用圆锥形滤杯（Hario式）冲泡咖啡的特征。沸水向中心流动，接触咖啡粉的时间会变长，所以就能够提炼出更多的咖啡成分。另外，滤纸与过滤器之间的螺纹便是空气的通道。蒸煮的时候，空气通过，咖啡粉会膨胀。底部有一个大孔，我们可以通过改变注水速度来改变咖啡的味道。

Hario 圆锥形滤杯的冲泡方法

1 放好滤纸过滤器，加入咖啡粉

过滤器的顶部要从滤杯处露出，这样一来我们就能够直接提炼咖啡液，不会受到滤杯的制约。

要点

为了防止沸水流向低处，我们必须将咖啡粉摊平整。

2 注入少量沸水

从中心注入少量沸水，慢慢注入，直至咖啡粉湿润。

3 蒸煮

咖啡粉膨胀。蒸煮结束之后注入下一次沸水。

要点

蒸煮时间约为 30 秒。

4 注入沸水

为了不让沸水直接碰到过滤器，我们要从中心方向注入沸水，呈旋涡状。

要点

提炼的时间标准为 3 分钟。如果注水缓慢，咖啡的味道会变得浓烈，如果注水速度过快，咖啡的味道会变浅。

5 卸下滤杯

一旦提炼液到达需要的咖啡壶刻度时，即便是滤杯中还剩下沸水，我们也要马上卸下滤杯。

圆锥形滤杯（Kono式）的冲泡方法

最初的冲泡要点：戒急躁，慢慢来

从1993年开始，Kono式的圆锥形滤杯便已开始出售。圆锥形滤杯只有内侧下部有螺旋纹，一旦注入沸水，螺旋纹部分到上方的滤纸会贴在滤杯上，沸水不会侧漏。不仅如此，这样的设计能够防止咖啡渣被沸水冲到下面，还可以减少提炼咖啡的杂味。为了不让水泡沉淀下去，可以调整注水方式，如果能够做到这些，就能够冲泡出像法兰绒滴漏式咖啡那样的味道。

Kono 圆锥形滤杯的冲泡方法

Kono并不是滤杯的名字，而是圆锥过滤器的商品名。

1 放好圆锥形滤纸，加入咖啡粉

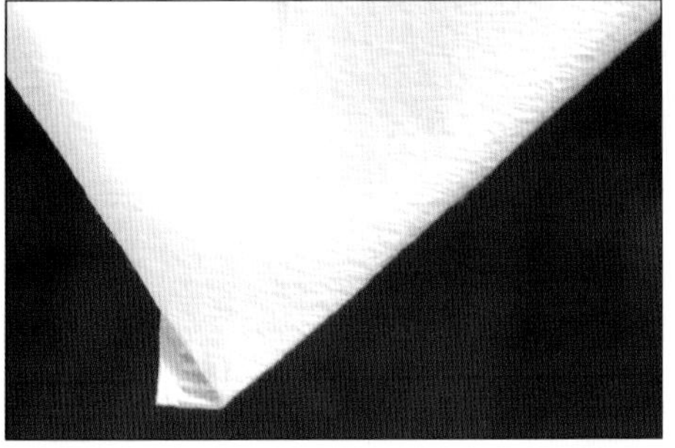

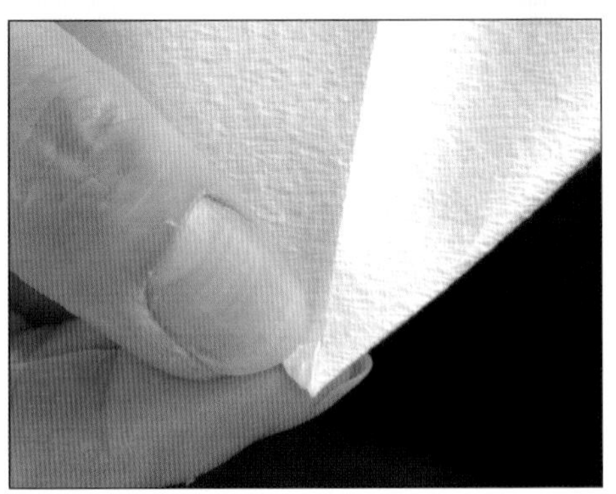

滤纸开口突出的部分折叠成圆锥形状，折叠大小要与过滤器吻合，加入咖啡粉。

要点

咖啡豆为中度研磨—中粗研磨，1g咖啡粉能够提炼出10ml的咖啡（2杯咖啡大概为240ml，需要24g咖啡粉）。

2 注入沸水

慢慢将沸水一滴一滴漏入咖啡粉的中心位置，使咖啡粉的颗粒变湿。咖啡粉吸收了沸水之后，会从中间位置开始膨胀。

3 缓慢注入沸水

像画圆一样缓慢注入沸水。为了保持中心位置水泡浮起的状态，我们要一边调节一边注水。

4 注入沸水，注入停止位置为圆锥过滤器的上方

提取了2/3的咖啡液时，要注水直至与圆锥过滤器的上方平齐。这是为了避免咖啡渣水泡混入下方的玻璃瓶内。

5 从玻璃瓶容器上卸下过滤器

冲泡出想要的咖啡量后，沸水还会积留在滤杯上部，此时应卸下过滤器，将过滤器转移到其他容器上。

要点

一旦沸水滴尽，就会变成含咖啡渣的咖啡了。这样冲泡出的咖啡是不成功的。

稳定冲泡咖啡的小知识

咖啡杯数与咖啡粉分量的关系

分几次注水的滤杯，如果只要冲泡 1 人份（咖啡粉分量为 10g）咖啡，一旦冲泡方法不标准，就容易导致咖啡味道变淡。此时要使用粗度研磨的咖啡粉，与基本的咖啡粉分量相比要多 2~3 倍，这样咖啡的味道就比较稳定了。

如果冲泡多杯滤纸滴漏式咖啡，提炼时间会变长，所以 3 人份咖啡粉的量并不是单纯 1 人份咖啡粉量的倍数，2 人份咖啡粉的量为 18g，3 人份咖啡粉的量为 25g，每添一杯咖啡，只要添加 7~8g 的分量就可以了。

准备 6g、8g、10g、12g 的量勺，这样可以让咖啡的冲泡更为方便。

留心咖啡粉的温度

为了让冲泡出的咖啡更加美味，我们可以用温度计测量沸水的温度。市场上销售的廉价温度计与实际的温度有 5℃的误差，所以我们不能过分相信温度计上显示的温度。

另外，即便是沸水的温度合适，如果咖啡粉与滤杯温度过凉，那么冲泡出的咖啡味道也不会很好。所以如果咖啡味道不稳定，我们就要留心沸水、咖啡粉和滤杯的温度。

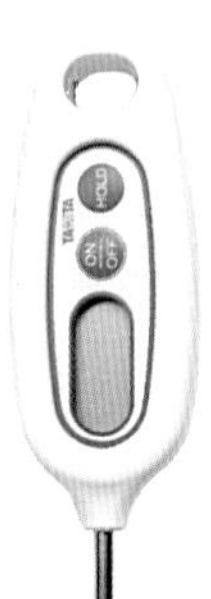

即便价格有些昂贵，但是我希望大家可以选择误差较少的温度计。

保持水流的稳定性

为了保持水流注入的稳定性，我们要根据手冲壶的沸水量改变拿壶的位置。如果是满壶，要把手放在提手上方；如果是五分满，就要把手放在提手中间；如果壶内只有少量沸水时，就要把手放在提手下方，这样一来，注水就比较容易。另外，满壶水手冲壶会比较重，所以要夹紧胳膊倒水，这是注水的诀窍。

由于注水过程中产生了二氧化氮，所以才出现了水泡。烘焙过后咖啡豆产生的水泡更多。由于包装袋内有除氧剂，即便是烘焙过的咖啡豆也不会产生较强的水泡，所以水泡的产生程度 = 新鲜度的道理并不是完全正确的，希望大家可以记住这一点。

提炼过程中来自咖啡粉的暗示

我们可以从提炼过程中通过咖啡粉的样子了解水温，咖啡豆的新鲜程度等。一旦我们将沸水注入新鲜度高的烘焙咖啡豆内，咖啡豆就会膨胀成为纹理细腻的半圆形屋顶水泡。如果是陈年咖啡豆，膨胀起来的水泡是不整齐的。

另外，如果水温过高，水泡会变大，在蒸煮阶段，咖啡粉膨胀起来的水泡会破裂；温度低，水泡会变小。我们可以从咖啡粉所反映出来的信号获取到有用的信息。

从烧水壶到咖啡壶

由于沸水温度过高，所以我们不能用咖啡壶直接烧水。必须用烧水壶烧水，之后再将沸水倒到手冲壶内，这样沸水的温度会稳定下来。冲泡咖啡前，将手冲壶内的沸水倒入咖啡杯，让咖啡杯预热一下，这样冲泡出的咖啡会更加美味。

烧水壶内的水沸腾之后将其转移到手冲壶内，这小小的一步就能够让咖啡的味道发生改变。

过滤器的放置也是要点之一

注水时，要保持适当的高度，从咖啡粉的表面注入。如果我们从高位注水，沸水方向会发生歪曲，空气也会混入其中。这样一来，咖啡粉所形成的半圆形水泡会破裂，蒸煮程度也不到位。另外，放置在滤杯内的滤纸过滤器必须保持干燥。湿润的过滤器与螺旋纹之间没有空气的通道，这便是咖啡冲泡失败的根本原因。

从距离咖啡粉 7cm 左右的高度开始注入沸水。

冲泡小贴士

咖啡机能够冲泡出美味咖啡的秘诀究竟是什么呢?

咖啡机也是采用滤杯提炼的方法进行冲泡的，其冲泡原理与滤纸滤杯相同。虽说机械提炼出来的咖啡味道一定是千篇一律的，但是冲泡功夫也是很重要的。首先按照手册上的咖啡分量进行冲泡，如果我们希望味道更加醇厚，只需要增加咖啡粉的量即可。另外，咖啡机使用的沸水温度一般都会比较高。另外，希望味道变醇厚还有其他的方法，就是将咖啡豆换成浅度烘焙的咖啡豆，或者将咖啡豆的研磨程度变成粗度研磨。

冲泡完毕后大量的咖啡怎么才能保温呢?

刚冲泡完的咖啡很美味，但是为了招待客人，提前冲泡大量咖啡的情况也是时有出现的。咖啡的保温有许多方法，最简单的便是将咖啡转移到保温壶内，在 2 小时内能够很好地保持咖啡的风味。但是千万不要将咖啡放入电加热保温壶内，这样会破坏咖啡的风味，大家千万要注意哦!

水温、味道以及状态的变化

水温、味道以及状态的变化（使用新鲜的咖啡豆，冲泡咖啡的常规方法）

水温	变化
90℃以上	注水时，咖啡粉形成的半圆形水泡易破裂，蒸煮程度不到位。
85 ～ 89℃	温度尚可，但稍显高。冲泡出来的咖啡味道较苦。
80 ～ 84℃	适合温度。烘焙程度和咖啡豆种类所导致的味道差异表现较为明显。
75 ～ 79℃	稍显低。苦味被抑制，酸味容易体现。
74℃以下	温度过低。无法进行蒸煮，也无法提炼出咖啡的成分。

冲泡方法的应用

冰咖啡的冲泡方法

冰咖啡有许多冲泡方法，在这里我们介绍用滤纸滤杯提炼咖啡原液并加入冰块的方法。我们要使用深度烘焙，细研磨的咖啡粉，水温要比平常高一些，一点一点注入沸水，这样就能提炼出较浓的咖啡原液。

深度烘焙，细研磨咖啡粉20g（2人份），这样可以提炼出200ml的咖啡原液。

❶ 将咖啡粉放入滤杯。

蒸煮中

❷ 螺旋式画圈，直至滴漏到咖啡壶内的提炼原液不再滴漏时，再注入沸水，水流要细，蒸煮20~30秒。

❸ 等到咖啡壶内已经覆盖了一层薄薄的咖啡提炼原液时，同样注入沸水，水流与之前一样要细。争取注水3次就可以提炼出100ml的咖啡液，这是标准。

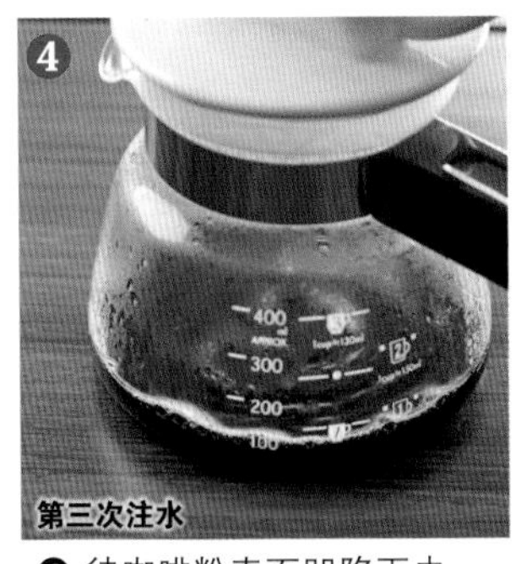

❹ 待咖啡粉表面凹陷下去，提炼液滴尽之前，注入细水流。第四次之后的水流可以变粗，重复注入沸水，直至提炼出的咖啡原液达到200ml。

冲泡完毕后，趁咖啡还未变凉，注入100ml加冰块的凉水。快速下降的水温能够很好地保持咖啡的风味。

用新鲜度有所降低的咖啡豆进行冲泡

如果我们想要用烘焙过后放置了近1个月，新鲜度有所降低的咖啡豆（根据保存情况，有些咖啡豆即便是经过1个月也能够保存良好）冲泡出美味咖啡，就要掌握一些技巧。这些基本技巧与卡利塔滤杯的冲泡方法相同。与新鲜的烘焙咖啡豆相比，这些咖啡豆吸收了湿气，锁水能力较差，所以注水的力度是冲泡要点。

另外，如果水温较低，容易产生酸味，所以要用水温较高的沸水进行冲泡，这一点很重要。

冲泡陈咖啡豆的水温最好为88~90℃。如果水温较高，咖啡的味道也容易出来。

注水冲劲对比

第四次注水时的情形对比。用陈咖啡豆冲泡出来的情形如照片上图所示，用新鲜咖啡豆冲泡出来的情形如照片下图所示。从照片上图可以看出，沸水的冲劲程度较弱。

在第三次注水之前的冲泡方法与卡利塔咖啡一致，但是第四次注水之后，沸水就没有太大冲劲了，所以我们可以注入粗水流。注意不要让咖啡粉跳出，否则咖啡会出现杂味。

法兰绒咖啡风味的冲泡方法

这种方法能够用滤纸滤杯冲泡出法兰绒风味的咖啡。使用中深烘焙、粗度研磨的咖啡粉，用低温水（77℃）一滴一滴地冲泡。新鲜程度高、中深烘焙、粗度研磨咖啡粉 × 低温水，这样便可以冲泡出没有苦味的法兰绒风味咖啡。

中深烘焙、粗度研磨咖啡粉 20~22g（2人份），这些咖啡量可以提炼出300ml。

❶ 第二次注水

上下轻轻摇动手冲壶的壶嘴，一滴一滴漏入。

小幅度摇动手冲壶的壶嘴，从中心位置开始拿着咖啡壶螺旋式画圈，一滴一滴地注水。

❷ 蒸煮

咖啡壶底部覆盖了一层薄薄的咖啡提炼液之后，放置 20~30 秒蒸煮。由于是一滴一滴漏水，所以咖啡粉的表面会显得凹凸不平。

❸ 注水至需求量

滴漏的沸水量会慢慢变多。

❶ 与步骤 1 一样，一滴一滴漏水至需求量（提炼咖啡液 300ml）。注意滴漏在滤杯内的咖啡量与沸水量必须相同，这一点非常重要。

何谓法兰绒风味咖啡?

坚持不懈地注入沸水

虽然现今冲泡美味咖啡的器具取得了不小的进步，但是法兰绒风味咖啡的冲泡是纯人工制作的，非常质朴。醇香的咖啡从棉网袋内缓缓滴漏，没有停滞，没有杂味，所以这种咖啡冲泡方法在专家和咖啡爱好者当中非常受欢迎。只需要足够分量的沸水，就可以提炼出比 1~2 杯咖啡更多的咖啡原液。

冲泡诀窍仅仅在于注水的方法。在提炼阶段，我们要关注法兰绒咖啡粉的反应，一点一点地注入沸水，一开始咖啡粉的反应会比较明显。如果咖啡粉过度膨胀，就无法提炼出美味的咖啡原液，特别是开始注水的阶段，要一点一点地注水。如果咖啡粉过细，

■器具与咖啡粉

提炼 100ml（1 人份）的咖啡原液，要使用中深烘焙，粗度研磨的咖啡粉 20g

棉网袋眼容易阻塞，可能导致无法提炼的情况发生，所以要注意咖啡粉的使用情况。

法兰绒风味咖啡的冲泡要点

烘焙程度恰到好处的咖啡豆，怎样才能冲泡出它的美味呢？怎样才能毫不遗漏，完整地将它的美味转移到咖啡杯内呢？我们必须要注意注水情况，不要往膨胀后咖啡粉的最外侧部位注水。外侧的过滤层发挥着墙壁的作用，注水之后，这里可以成为水流的通道。如果水流流至不充分的过滤层，那么咖啡提炼原液常常会变薄。

法兰绒风味咖啡 小知识01

正面？还是反面？

法兰绒有两侧，起毛的一侧和像布一样干爽的一侧，但是到底哪一侧是内侧呢？关于这个问题，可以说是意见不一。为了防止网眼堵塞，方便清洗，有不少专业店将干爽的一侧作为内侧。

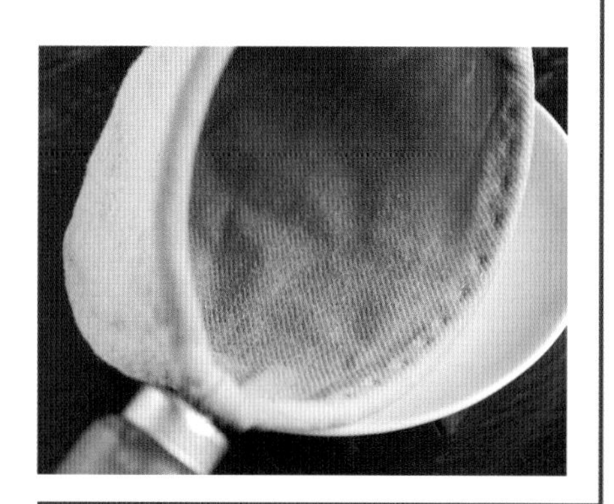

法兰绒风味咖啡 小知识02

新法兰绒的使用方法

使用新法兰绒时，要将法兰绒煮10~15分钟。这时，如果我们能够添加少量咖啡，就能让法兰绒与咖啡很好地融合，有助于首次提炼操作。

法兰绒风味咖啡的冲泡方法

1 沸水放入手冲壶

将沸水注入手冲壶，沸水温度要调整至 85℃。

要点

将温水注入咖啡壶和咖啡杯内做一下预热，沥干法兰绒多余的水分。

2 注入沸水

缓慢注入沸水，覆盖所有的咖啡粉。

3 观察咖啡粉的反应

沸水均匀浸湿咖啡粉，咖啡粉发生了反应，中间位置会膨胀起来。

要点

如果快速注入沸水，咖啡粉会剧烈反应膨胀起来，这样就无法提炼出美味的咖啡，所以我们要慢慢注水。

4 注入的水要覆盖所有的咖啡粉

瞄准膨胀部位的中间位置，沿着法兰绒方向移动，细细注入水流，覆盖所有的咖啡粉。

要点

如果我们不往膨胀的地方注水，而往过滤器附近的地方注水，沸水就会跳过咖啡粉滴漏下来，所以大家要注意一下。

5 根据咖啡粉的反应注水

观察咖啡粉膨胀的情况，一点一点注水。

要点

水泡变弱，咖啡提炼原液开始滴漏到咖啡壶内，这时注水的速度要加快。

6 控制注水量

按照一定的步调和节奏，一点一点注水。

7 最后旋转法兰绒棉网袋

直至达到需求的咖啡原液量为止，在咖啡粉过度膨胀之前，持续慢慢转动法兰绒棉网袋。

要点

固定好咖啡壶，转动法兰绒棉网袋，按照一定的节奏注水。

8 法兰绒棉网袋内不要存留沸水

最后不要急躁，按照一定的节奏注水，尽量不要让放有咖啡粉的法兰绒棉网袋内存留沸水。

要点

法兰绒棉网袋使用过后，用水进行清洗并进行脱水操作，用保鲜膜等物品包装好，收藏到冰箱内。

何谓虹吸式咖啡?

灵活控制火势，保持适度温度

如同理科实验所看到的那样，虹吸式咖啡的提炼过程是很愉快的。这种冲泡方法用了玻璃制的烧瓶和漏斗，利用蒸气压来冲泡咖啡。下方的烧瓶水沸腾，与上方漏斗内的咖啡粉混合在一起，如果下方火力停止，温度下降，咖啡提炼原液会滴漏到下方。

如果控制火势和提炼时间，咖啡的味道很难表现出来，这是虹吸式咖啡的特征。但是如果是在家冲泡这种咖啡就要特别注意火势，这是冲泡秘诀。与其他提炼器具不同，冲泡过程中水温不会下降，所以如果不能灵活调整火势，水温过高，提炼出来的咖啡会带有杂味。家庭使用的酒精灯的火焰要碰触到烧瓶的底部。

■器具与咖啡粉

竹勺可以用长调羹代替，由于虹吸管为玻璃制品，所以我们要小心使用。

160ml 沸水，使用中细研磨咖啡粉 16g（1 杯）。烘焙程度控制在中深烘焙会比较适合。

虹吸式咖啡味道分明，但是，咖啡的醇香味和浓厚味道出不来。为了掩盖这些不足，咖啡豆是关键。烘焙过后放置 8~14 天，过一下火，油分不多的咖啡豆就可以留下备用了。如果我们冲泡方法适宜，即便咖啡凉了，也能够享受到清澈的味道。

由于器具都是玻璃制品，所以我们在取用的时候必须十分注意。特别是烧瓶的使用，烧瓶表面如果沾有水滴，并放置在火上时，可能会发生破裂危险，所以使用烧瓶前，我们要用毛巾将烧瓶擦干。

虹吸式咖啡相关小知识

过滤器的清洗方法与更换周期

完成咖啡提炼过程后，我们要清洁过滤器（法兰绒棉网袋）。清洁过程中，不要使用洗涤剂，我们可以用炊帚一边刷一边在水流下冲洗过滤器。之后，将过滤器放入锅内煮沸，并将其放入覆水的盒子内，放入冰箱保存。一旦过滤器干燥过后会吸收味道，所以我们要特别注意。当过滤器出现以下情况时，我们就要更换过滤器了。1. 咖啡提炼液与平常相比，难以滴漏到烧瓶内；2. 咖啡味道发生了改变。

虹吸式咖啡的冲泡方法

1 煮沸水

往烧瓶内注入 160ml 的水，点燃酒精灯，将水煮沸。

要点

由于酒精灯的火力较弱，所以在家里使用时，我们可以加入已经煮沸了的水。

2 放入咖啡粉

往漏斗内放入 16g 咖啡粉。漏斗斜挂在烧瓶的上方，水沸腾了之后马上插上漏斗，做好准备工作。

3 插入并固定好漏斗

等气泡不停地从烧瓶底部冒出时，我们就插入并固定好漏斗。

4 等待沸水上涌

我们要静静等待开水涌上漏斗。

要点

如果火势合适，沸水会慢慢涌上咖啡粉。

5 搅拌

当沸水上涌完毕，用竹勺快速搅拌 3~5 次，让咖啡粉与沸水充分接触，之后放置约 30 秒。

要点

过分搅拌，咖啡会出现杂味，我们要特别注意这一点。

6 再次搅拌

熄灭酒精灯的火，在液体滴漏回烧瓶之前，搅拌 3~5 次，使之呈漩涡状。

要点

搅拌能够顺利过滤掉上层的咖啡成分。

7 等待提炼原液滴漏

静静等待咖啡提炼原液滴漏到烧瓶内。

8 提炼过程完成

卸掉漏斗，将烧瓶内的咖啡液倒入咖啡杯内。

何谓法式压滤咖啡?

优质咖啡豆是关键

法式压滤咖啡与精品咖啡一样，受到了人们的关注。我们会将咖啡粉浸泡到沸水内并进行提炼，所以能够将咖啡豆原本的风味毫无保留地表现出来，这是法式压滤咖啡的特征。

另外，法式压滤咖啡之所以广受欢迎还有一个原因，那就是冲泡方法简单。

滤纸滴漏式咖啡中的过滤器很容易吸收咖啡油脂，但是在法式压滤咖啡当中，咖啡油脂会完全表现出来，口感丝滑，这是法式压滤咖啡的魅力。如果不是优质咖啡豆，咖啡容易出现杂味，但是精品咖啡则不会有这方面的问题。

法式压滤咖啡机冲泡出来的咖啡会混入少量的咖啡粉，如果大家对它的口感有兴趣，可以残留一部分咖啡粉在底部，品尝一下咖啡的味道。这种质朴的味道正是此种冲泡方法的好处。

■器具与咖啡粉

器具只有两样。法式压滤咖啡机用来压滤咖啡，也可以称为法式滤压壶。

300ml 的沸水，需要使用中粗研磨咖啡粉 16g（2 杯）。

为了让蒸煮的效果出来，要将咖啡放置 30 秒左右。另外，由于新鲜的咖啡豆会膨胀，如果一次性注满，咖啡会从容器溢出，所以我们一开始只需要注入 1/3 的水量。

关键：热水与时间

冲泡方法非常简单。这其中是有几个诀窍的，首先是水温，其他冲泡方法当中，合适水温是多种多样的，但是法式压滤咖啡是用沸腾后的热水冲泡的。热水可以很好地熔化咖啡豆的成分，所以为了能够充分发挥咖啡豆的味道，我们要用热水来冲泡。

另外一个诀窍则是遵守提炼时间。开始注水时，注入 4 分水是最好的，不足 4 分水咖啡豆最好的味道是无法冲泡出来的，多于 4 分水就变成过度提炼了。

法式压滤咖啡 小知识01

最关键的是过滤器

金属过滤器不同，网眼的细度也会有所不同，这也会成为影响咖啡味道的因素。如果网眼过粗在倒咖啡的时候，咖啡粉容易混入咖啡杯内。如果网眼过细，咖啡粉难以混入杯内，但是一旦发生阻塞，咖啡油脂（咖啡中最美味的成分）会留在容器内。

法式压滤咖啡 小知识02

维护简单

像螺旋桨一样的圆形平板，金属过滤器，螺丝重叠在一起，拧紧螺丝，这样的构造就是柱塞。使用过后，我们要用中性清洁剂进行清洗。由于空隙内可能会夹有咖啡粉，金属颜色暗等问题，为了解决上述问题，所以要用中性清洁剂进行分解清洁。

法式压滤咖啡的冲泡方法

1 放入咖啡粉

直接将中度研磨过后的咖啡粉放入咖啡壶。

2 注水

设定计时器，计时 4 分钟，静静注入热水，注入高度到容器的 1/3，放置大约 30 秒。

要点

将沸腾后的高温热水注入咖啡壶，这样就能够很好地提炼出咖啡豆的味道。

3 再次注水

放置 30 秒后，不要让咖啡粉溅出，静静注入热水。

4 盖上杯盖

将柱塞（过滤器的一部分）拉至最上方，盖上杯盖。

5 静静等待

在计时器变为零之前，我们要静静等待。

6 压下柱塞

到达设定时间后，我们要慢慢压下柱塞。

要点

如果咖啡粉溅出，咖啡会出现杂味，所以我们要慢慢地压下柱塞。

7 倒入咖啡杯

倒少许咖啡到其他容器之后，再将咖啡倒入咖啡杯。

要点

为了清除附着在壶嘴上的咖啡粉，我们一开始要倒少许咖啡到其他容器。希望大家可以进行一下这个操作。

8 提炼完成

冲好的法式压滤咖啡的表面会浮出咖啡油脂，这是咖啡味道的关键所在。

何谓意式咖啡?

不能仅凭机器来决定咖啡的味道

意式咖啡是一种能够快速提炼，味道深刻的咖啡。意大利语是“特别快”的意思。不论施加多大的压力，都能够很好地过滤咖啡粉，这便是意式咖啡的原理。意式咖啡有机器式，直火式，在这里我们介绍机器式。为了将浓缩的咖啡香味和咖啡风味完全表现出来，我们要选择合适的意式咖啡机，进行正确的操作，这是很重要的。

意式咖啡机的性能标准为90℃左右的沸水和9气压提炼，其中蒸汽强度是关键。根据机器强度和个人爱好选择合适的研磨方式，这可能要花一点时间。咖啡豆的种类不同，研磨方式必然会发生变化。

冲泡时热水会一次性喷出提炼出咖啡，所以咖啡表面会有一层细小滑腻的泡沫，这是咖啡味道的关键。直火式机器没有泡沫。

■器具与咖啡粉

意式咖啡机

咖啡机要具备强有力的蒸汽功能，这样我们也可以用咖啡机制作卡布其诺。

约60ml的咖啡原液提炼量，我们需要极细研磨咖啡粉16g。

意式咖啡小知识01

何谓理想的咖啡豆？

以前深度烘焙的咖啡豆用得比较多，最近已经使用味道较为浓烈的深中度烘焙和正常烘焙的咖啡豆，且早于法式压滤咖啡。可以用专门的研磨机，在短时间内将咖啡豆提炼成为细研磨咖啡粉。

意式咖啡小知识02

为何要进行固定操作？

将咖啡粉放入过滤器后，为什么要用填塞器固定呢？这是因为意式咖啡机中喷涌出来的高温热水会冲散咖啡粉，导致提炼过程出现偏差，为了避免偏差，要用填塞器固定好咖啡粉。

冲泡美味意式咖啡的秘诀

何谓奶泡？

美味意式咖啡的条件是外形、调味、奶泡（最重要）。奶油状指的是一层奶油状的薄膜。提炼过后会形成一层薄膜，有香气，且含有油脂和挥发性，会飘浮在咖啡杯内。如右图所示，美味的意式咖啡的表面有一层奶泡，能够锁住咖啡的美味。

优质奶泡：即便是用搅拌勺搅拌，破坏表面的奶泡后也能够重新生成新的奶泡。

意式咖啡的冲泡方法

1 预热咖啡机和器具

提炼之前，加入适量温水到咖啡机，过滤器和咖啡杯内，进行预热。

要点

考虑到热水的疏通、滴漏（步骤 8）等情形，我们在开始的时候要向咖啡机内注入充足的热水。

2 擦干器具上的水珠

预热过滤器和咖啡杯后，要擦干器具上的水珠。

3 放入咖啡粉

往过滤器内放入一杯量的咖啡粉（约 8g）。

4 将咖啡粉摊平整

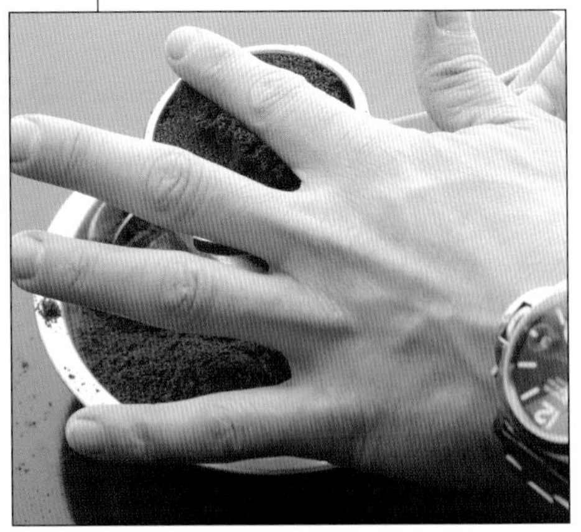

用指腹摊平放入过滤器的咖啡粉（这个工序称为矫正）。

5 填塞

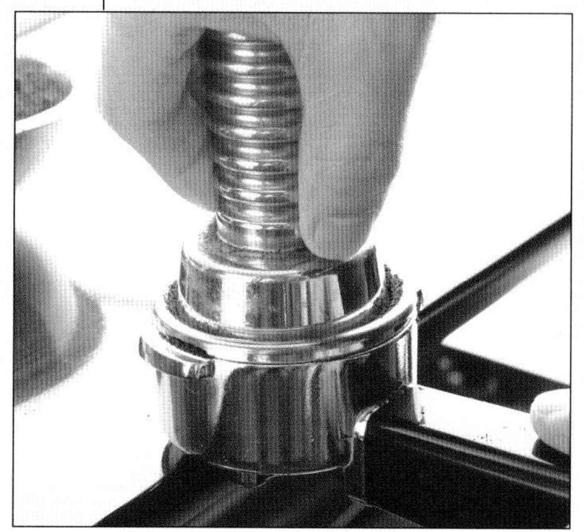

将咖啡粉放入过滤器，用填塞器牢牢固定咖啡粉（这个工序称为填塞）。

要点

填塞工序中加重操作也是很重要的，最重要的就是将咖啡粉的表面摊平。如果注水过程中发生偏差，水会集中到压力较低的方向，所以我们要特别注意。

6 填塞溢出的咖啡粉

在填塞的过程中会有部分咖啡粉溢出，这时我们要用填塞器轻轻敲打过滤器的外侧，这样溢出的咖啡粉就会回到杯内。之后再进行一次填塞。

7 配置好过滤器

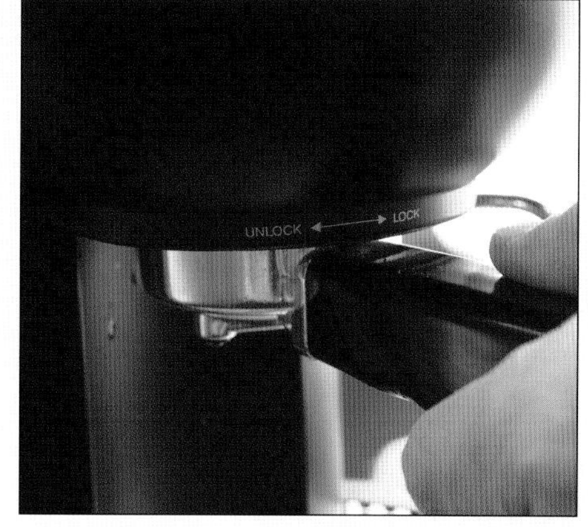

结束填塞工序后，将过滤器牢牢安装到咖啡机上。

8 滴漏

提炼液滴漏，这时滴漏的意式咖啡要倒掉。

要点

为什么要倒掉第一次提炼出来的咖啡原液呢？这是因为第一次提炼出的咖啡液可以祛除咖啡机的金属味，所以这次滴漏的咖啡液不能用于饮用。此工序可以根据情况进行适当操作。

9 加入咖啡粉

首次滴漏后我们要倒掉原先的咖啡粉，并往过滤器内加入新的咖啡粉（约 16g）。

10 填塞

再次将咖啡粉摊平并进行填塞操作。

11 提炼

配置好过滤器后，我们可以在咖啡机上放 2 个咖啡杯，进行提炼操作。

要点

美味意式咖啡的提炼条件是 9 气压、水温 90℃、提炼量 20~25ml、提炼时间 25~30 秒。以此为标准提炼出 1 杯 20~25ml 的意式咖啡。

12 提炼完毕

经过合适的提炼，意式咖啡的表面会覆盖一层厚厚的奶泡。

蒸热

去除喷嘴内部的沸水

将蒸汽开至最强（阀门全开），去除机器内多余的水分。

注入牛奶

将冰牛奶注入水瓶内。为了不损坏牛奶原有的味道，加热的上限标准为 70 ℃，如果我们使用冰牛奶，那么其温度要达到 70℃，必定要经过不少时间，这样牛奶里面就会含有更多的空气。

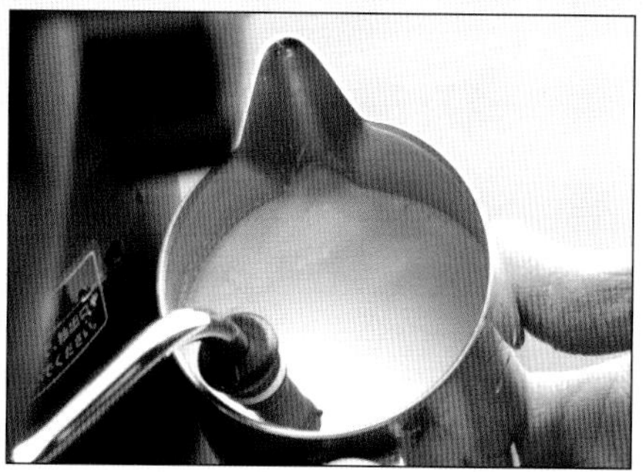

增加水瓶内的空气

仅将蒸汽喷嘴的尖端部分浸入牛奶，打开蒸汽口，这样空气就能进入到牛奶里面。

实现牛奶与喷嘴之间的对流

将喷嘴斜放，实现喷嘴与牛奶之间的对流。直至水瓶变热烫手（约 65 ℃），停止注入喷气。

完成

将水瓶的底部放到桌子等物体的上方，连续不断地敲击，直至瓶中的大气泡消失。之后，旋转水瓶让液体与水泡完全融合，整个程序流畅连贯，一气呵成。

家庭简易意式咖啡

直火式意式咖啡的冲泡方法

意大利一般家庭当中会有摩卡咖啡的器具(摩卡咖啡壶)。将咖啡粉放入金属过滤器内，安装配置好上方的咖啡壶与下方的烧瓶，点上火。烧瓶内沸腾的沸水会经过篮子部位的咖啡粉，来到上方的咖啡壶内。

如同咖啡机那样，这种方法不能够借助蒸汽瞬间完成咖啡的冲泡，但是运用这种方法，我们能够在家里享用到美味的意式咖啡。

由于过滤器是金属制造的，维修简易，所以在消费者当中较受欢迎。

■器具与咖啡粉

摩卡咖啡壶

各个咖啡壶厂商都有直火式意式咖啡壶。照片上的咖啡壶生产厂家为 BIALETTI。这种咖啡壶一次可以冲泡 3 杯。

1 注水

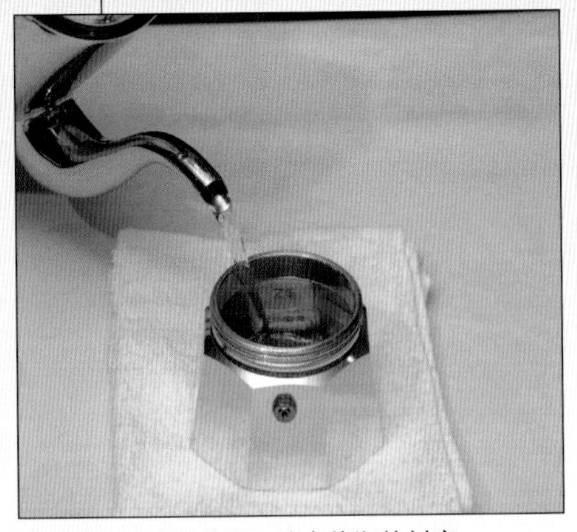

将水注入下方的烧瓶，注意烧瓶的刻度。

要点

我们可以使用手冲壶内的热水。这样一来，沸腾的时间会快一些。

2 加入咖啡粉

将竹篮部位深度烘焙的咖啡豆磨细，放入咖啡粉，轻轻填塞（P57）。

要点

大力压填塞器会导致奶油泡沫无法浮现，我们要特别注意。

3 配置烧瓶

填塞好咖啡粉，将过滤器配置在下方。配置好上方的咖啡壶和下方的烧瓶。

要点

盖好盖子，不要留缝隙。

4 用炉子煮沸

在瓦斯炉上垫上金属丝网，固定好器具并用大火煮沸。

要点

火的覆盖范围与底部差不多即可。如果火的覆盖范围超过底部则容易烧到把手。

5 沸水上涌至咖啡壶后，提炼过程完成

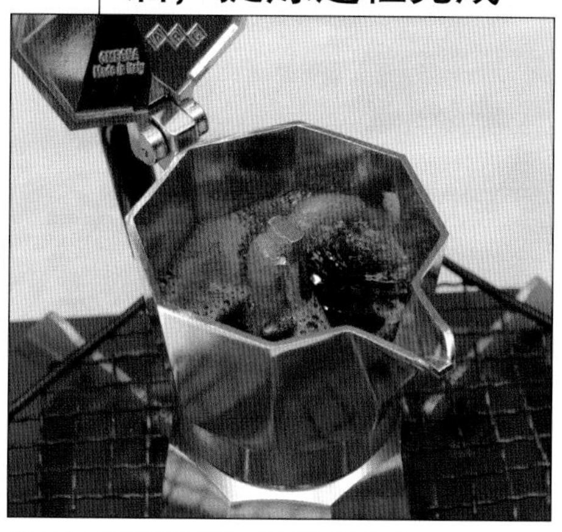

沸水上涌至咖啡壶后，提炼过程完成。

要点

为了向大家说明步骤，所以图片上打开了盖子。实际操作时是盖上盖子进行加热的。

其他冲泡方法

挑战个性冲泡方法

我们向大家介绍了以滤纸滴漏式咖啡为首的法兰绒风味咖啡、虹吸式咖啡、法式压滤咖啡、意式咖啡等代表性风味咖啡。其实除了上述咖啡之外，还有其他一些富含异国情调的个性咖啡提炼方式。享受咖啡的方式是多种多样的，有些咖啡的风味只有在当地才能品尝到。

外观和风味都属于个性冲泡方法，能够让咖啡生活变得更加丰富。

土耳其咖啡

沸腾过后从火上取下咖啡壶，等咖啡壶内的咖啡冷却后再放回火上煮沸，重复 3 次，让咖啡粉充分溶解。饮用时，我们要尽量避开沉淀在咖啡杯底层的咖啡粉，主要饮用上方清澄的咖啡液。

目前，土耳其咖啡可以说是风靡中东，北非以及巴尔干半岛诸国，这种咖啡于 500 年前在伊斯坦布尔开始作为饮料饮用。

在一种称为 cezve 或 ibrik 的长把勺子状黄铜咖啡壶中加入咖啡粉、砂糖，一开始要先加水，之后点火煮咖啡。这种冲泡方式广泛流传于欧洲。可以说是现今咖啡冲泡方法的始祖。

冰滴咖啡

冰滴咖啡源于荷兰的殖民地印度，为了改善苦味浓厚的罗布斯塔咖啡豆的风味制作而成的。但是如今制作冰滴咖啡使用的是优质的阿拉比卡咖啡豆，这种冲泡方法能够让品尝者享受到咖啡特有的甘甜，在咖啡爱好者当中十分受欢迎。

关于冰滴咖啡还有一个趣闻，那就是这种冰滴咖啡在荷兰并不被认可。

用于制作冰滴咖啡的咖啡壶十分轻巧。将咖啡粉放到壶内的过滤器里，注水。之后只需盖上壶盖，等待 8 小时后进行咖啡原液的提炼即可。

咖啡过滤器

我们经常会在西部电视剧的场景中看到咖啡过滤器的使用，这种冲泡方法历史悠久，且非常简单。

将水注入咖啡壶内，咖啡粉放入篮子内，配置好咖啡壶内的导管，点火煮沸。这种方法常用于户外。

咖啡壶内的沸水会涌上内部的导管，注入到咖啡上方，多次循环往复进行提炼。尽管这种方法可能会导致咖啡风味的散发，但是由于十分简单易行，所以在人们看来依然魅力无穷。

美味咖啡中的知名配料

用水不同，咖啡的味道也有所不同

水可以分为软水和硬水两种，硬水中镁离子、钙离子等矿物质的含量较高，软水中的矿物质含量较低。

软水没有味道，所以软水与味道温和的咖啡豆融合性较好，能够让品尝者更直接地品味到咖啡的味道。

硬水有独特的味道，如果直接饮用口感稍差。由于矿物质含量高，所以冲泡出来的咖啡可能会比较苦。如果使用硬水，水难以与矿物质发生反应，所以要使用深度烘焙的咖啡豆。

我们可以根据自己喜欢的咖啡豆类型，配合使用合适的矿泉水。

自来水的使用

日本的自来水属于软水，所以用来冲泡咖啡很合适。使用打好并煮沸的水可以说是美味咖啡的捷径。二次沸腾的水二氧化碳量会减少，咖啡杂味也会比较重，所以我们要注意不要让水二次沸腾。

富维克
（Volvic）

欧洲十分珍贵的软水。直接打好并装瓶的地下水，能够让人们享受到最自然的味道。与咖啡豆和茶叶的融合性很好。

矿翠
（Contrex）

这款矿泉水在硬水当中的矿物质含量是最高的，可以说是超硬水。钙和镁的含量非常丰富，可以用于节食过程中的矿物质补充。

融合性好的砂糖

砂糖易于溶解，甜味适中清爽，所以不会损杯咖啡豆的味道和芳香。由天然甘蔗制作而成的方糖味道也十分质朴美味。

咖啡冰糖上的焦糖能够让人享受到一股醇香味，缓慢溶解，所以在饮用的过程中，我们能够感受到咖啡味道的渐变。

大部分人认为褐色咖啡冰糖和黑砂糖味道较强，不适合食用，但是我们认为这是一种原创味道。

砂糖

清爽易于溶解，甜味适中，不仅适合于冲调咖啡，也适合于冲调红茶。

咖啡冰糖

冰糖上覆盖着粗大细碎的焦糖。焦糖独特的芳香能够带出独特的风味与醇香味。

奶油（用于调和咖啡）

奶油可以缓和咖啡的苦味，加深咖啡的醇香味。咖啡中使用的奶油可以分为植物性奶油和动物性奶油。

从植物性脂肪中提取出来的植物性奶油味道比较清淡温和，所以与口味温和的咖啡豆融合较好。

与此相反，动物性脂肪本身就带有较为浓重的醇香味，与苦味较浓的浓咖啡融合较好。

生奶油（动物性奶油）

一般情况下，乳脂肪的 20%~30% 可以用于咖啡。

原创调和咖啡

只要掌握诀窍，我们就可以在家里享受到美味的咖啡！

何谓调和咖啡？将不同种类的咖啡豆组合在一起，就可以调制出不同味道的咖啡，这便是调和咖啡。只要掌握调和咖啡的诀窍，就可以在家里享受到美味的咖啡。我们要遵守最基本的一点，那就是烘焙程度的一致性。如果烘焙程度不一致，咖啡风味当中就会出现非常突出的部分。

调和咖啡中以 2~4 种咖啡豆为宜，推荐大家选择 3~4 种，如果咖啡豆种类达到 5 种以上，那么咖啡的中心味道会显得模糊，不突出。

在调制调和咖啡时，可以用研磨机研磨烘焙过后的咖啡豆。如果是在家调制时，混入适量的咖啡粉也可以。

快速调制调和咖啡（强力推荐！）

在这里我们向大家推荐一些简单的调和咖啡的配方。

融入可可浆味道

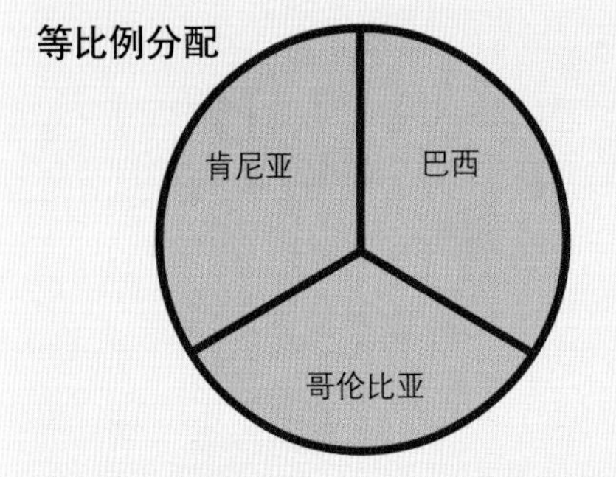

用深度烘焙咖啡豆进行组合。肯尼亚咖啡豆是这个配方的关键，深度煎炒能够带出独特的醇香味和甘甜味。这是一种仿佛可可浆在口中融合一般的调和咖啡。

温和香味，丰富的咖啡组合

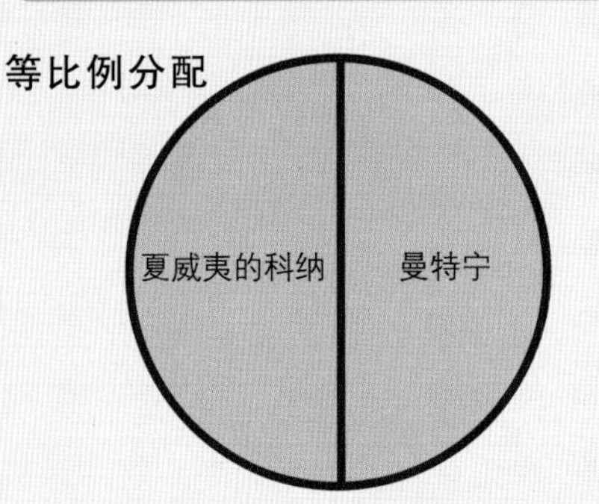

烘焙程度为中深烘焙，有甘甜芳香，虽然咖啡豆很珍贵，但是这种组合能产生一种不可思议的味道。夏威夷的科纳是经过深度烘焙的，不但不会跑味，并且还能够酿造出更加丰富的味道。

步骤 1

决定咖啡豆：烘焙程度与标准

我们要清楚自己喜欢什么样的咖啡，决定咖啡的烘焙程度。浅度烘焙易于入口，中度烘焙香味和酸味较浓，中深烘焙味道均衡，有醇香味，深度烘焙有苦味和焦糊味。另外，我们要决定咖啡豆的标准。对于初学者而言，巴西咖啡豆较为中庸，易于使用。

步骤 2

保持烘焙程度的一致性，等比例搭配口味不同的咖啡豆

调和咖啡的调整顺序

烘焙程度保持不变，尝试改变配方比例

▼

烘焙程度保持不变，尝试改变咖啡豆的种类

▼

尝试改变咖啡豆的烘焙程度

调整调和咖啡的味道时，可以按照调合比例，咖啡豆种类，烘焙程度的顺序进行调整。采用上面的配方，如果巴西咖啡豆比例大，苦味和醇香味会变浓；如果危地马拉咖啡豆比例大，酸味和苦味会变浓；如果坦桑尼亚咖啡豆比例大，酸味和香味会变浓。如果一开始就改变烘焙程度，咖啡的味道容易变杂乱，所以烘焙程度的改变要放在最后。

决定好烘焙程度和标准咖啡豆后，我们要保持烘焙程度不变。一旦决定了咖啡豆的烘焙程度和标准，我们可以将烘焙程度相同，性质对比鲜明的咖啡豆混合在一起。这样一来，既可以发挥咖啡豆各自的优势，又能够弥补单一咖啡豆风味上的不足，使得咖啡的整体味道均衡。我们可以将果肉较薄的咖啡豆与果肉较厚的咖啡豆混合起来，也可以将中美洲的咖啡豆与美国产的咖啡豆混合起来。另外，咖啡豆要等比例混合，这样才便于调和味道，原则上来说最多只能混合 3~4 种咖啡豆。

挑战手网烘焙

手网烘焙可以根据咖啡豆的颗粒大小判断咖啡豆的变化

不用烘焙机也可以烘焙咖啡豆。我们可以在自己家中用手网烘焙咖啡豆。判断烟雾的通风效果之后，要观察咖啡豆颜色的变化和咖啡豆爆裂的声音。烘焙咖啡豆的过程中，可以尽情享受观察咖啡豆变化所带来的乐趣。

生豆放入手网，盖好盖子，前后晃动手网，煎炒至需要的烘焙程度。感受颜色和香味的变化。为了保证烘焙的均匀程度，火离手网 10~15cm 的距离，保持距离不变，水平拿好手网，这是手网烘焙的关键。开始煎炒的时候，手网的金属箔片会脱落，我们要特别注意。

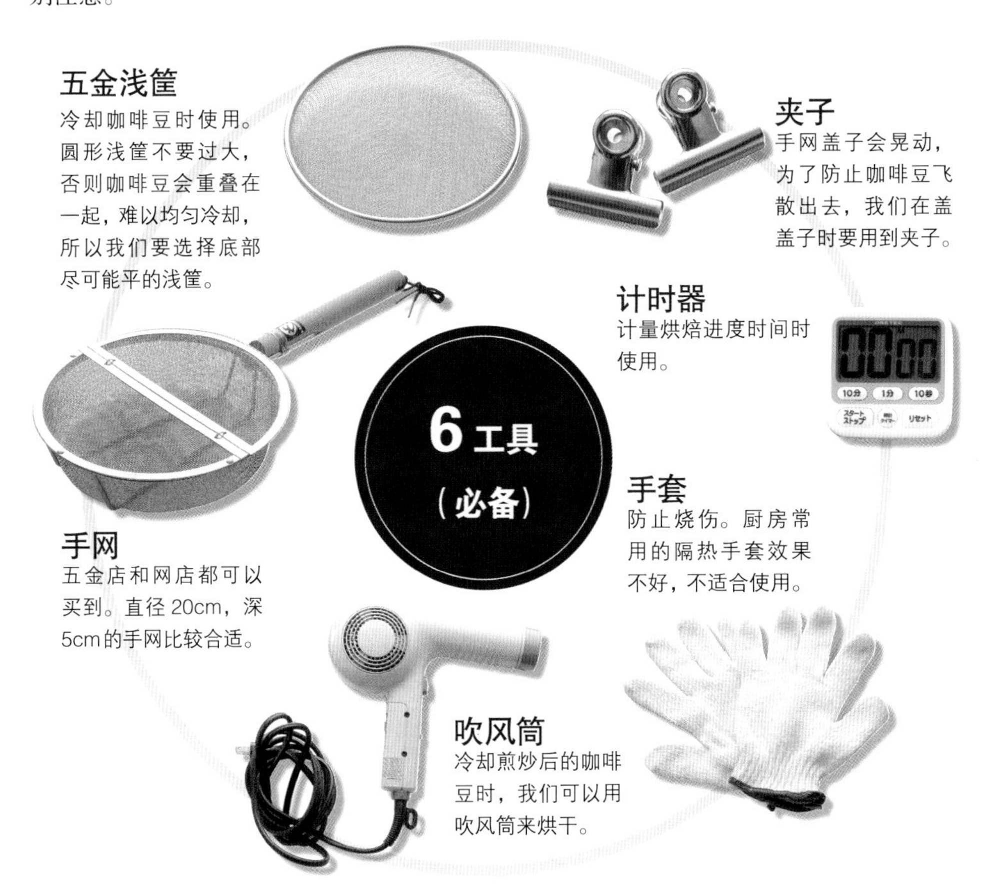

适度烘焙的基础知识

剔除瑕疵豆

烘焙时可能会混入一些瑕疵豆，如发酵豆和虫食豆。这些瑕疵豆会给味道带来不好的影响，所以我们要人工剔除瑕疵豆。烘焙过后，要人工剔除颜色不均衡，变形的咖啡豆。

发酵豆

发酵了的咖啡豆。在储存的过程中，咖啡豆可能会开始发酵。烘焙时，发酵的咖啡豆会发出异味。

未成熟豆

绿色咖啡豆，较小，有涩味。

不同咖啡豆，烘焙难易程度不同

咖啡豆种类不同，烘焙难易程度也不同。小粒肉薄的咖啡豆容易过火，在较短时间内可以去除水分，煎炒也比较均匀。对于入门者而言，可以选择巴西和古巴产的咖啡豆。

哥伦比亚的特级水洗豆比较大，肉厚，去除水分比较困难。所以我们一开始要从简单的学起，比如巴西咖啡豆，之后再一步步提高。

以咖啡豆的爆裂度为标准，检查烘焙情况

煎炒时，咖啡豆膨胀发出声音，这时咖啡豆会开始爆裂，这成为了检测烘焙程度的标准。豆的颜色变化以及爆裂度都是检测的标准。

根据爆裂度推测烘焙程度

第一次爆裂	爆裂前 极浅 爆裂时 浅 爆裂后 微中
第二次爆裂	爆裂前 中 爆裂时 中深 爆裂后 深

不同咖啡豆，烘焙程度不同

咖啡豆种类不同，适合的烘焙程度也不同。我们要把握咖啡豆的特征进行烘焙，如果有疑惑，可以请教专业人士。

	浅度烘焙	中度烘焙	中深烘焙	深度烘焙
烘焙度	极浅烘焙 浅烘焙	微中烘焙 中度烘焙	中深烘焙 深烘焙	法式极深烘焙 意式极深烘焙
咖啡豆的类型	水分较少的加勒比海咖啡豆，肉薄。	加勒比海咖啡豆以及自然干燥处理方式的咖啡豆。	夏威夷科纳等具有独特性质的咖啡豆，中美洲的咖啡豆。	哥伦比亚咖啡豆，酸味重，水分多。

烘焙巴西咖啡豆

1

生豆放入手网，盖好盖子，用夹子夹住。距离火10~15cm，改为中火，感觉火已经漫过全部咖啡豆时，像翻锅一样轻轻摇动手网。

2

4~5 分钟后咖啡豆薄皮激烈脱落。香味仍然有些涩，但是这时水分开始蒸发，隐约出现颜色变化。

3

10 分钟后，薄皮脱落，香味飘出。第一次爆裂开始，这时我们要加快烘焙速度。

4

15 分钟后，图片所示为微中烘焙时的情形。变化比较剧烈，第一次爆裂结束，2~3 分钟后，会开始第二次爆裂。

5

18分钟后，开始第二次爆裂。咖啡豆会发出声音，再过2~3分钟，咖啡豆会逐渐加深烘焙度，从中深烘焙到意式极深烘焙。

▼

6

达到需要的烘焙度时，拿起手网，将咖啡豆放入五金浅筐内。

7

用吹风筒吹干，尽快让咖啡豆冷却。完成后，我们可以掰开咖啡豆，观察咖啡豆内外的状态。如果颜色均匀，那么烘焙就是成功的。

煎炒流程

时间		咖啡豆的状态	烘焙进度
步骤1	从开始到第9分钟	脱水状态。颜色逐渐变白。中途薄皮脱落。	
步骤2	第10到第15分钟	豆子开始变成茶色，香味飘出。豆子开始第1次爆裂。	爆裂前 极浅烘焙 爆裂中 浅烘焙 爆裂后 微中烘焙
	第16到第20分钟	煎炒程度加深，另外，豆子开始第2次爆裂。手网如果离火较近会导致煎炒不均衡。	爆裂前 中烘焙 爆裂中 深烘焙 法式极深烘焙 爆裂后 意式极深烘焙
步骤3	适宜	达到需要的烘焙程度时，拿出手网，用吹风筒冷却咖啡豆。	

※时间是煎炒的标准。根据咖啡豆的品牌和含水量，大概在20分钟前后会开始第一次爆裂。

个性咖啡冲泡方法

越南咖啡

越南是世界上有名的咖啡产地。在受到法国殖民统治期间，法国人将咖啡文化带入了越南。

越南咖啡使用专用的过滤器进行提炼，是一种深度烘焙咖啡，使用的不是平常的牛奶，而是浓缩牛奶。以前越南没有普及冰箱，所以就使用了在常温下可以保存的浓缩牛奶。

越南咖啡的味道是多样的。没加浓缩牛奶前，有苦味；添加浓缩牛奶后，有甜味；加入冰块后，就成为了冰咖啡。

越南人用黄油对咖啡豆进行深度烘焙，极细研磨。在日本很难找到正宗的咖啡豆，如果想让烘焙出来的咖啡豆的味道尽可能接近正宗的味道，最好选用罗布斯塔咖啡豆进行烘焙。

材 料

越南咖啡粉……………………10~12g
热水……………………………150ml
浓缩牛奶…………………………20g

调制方法

1. 从不锈钢过滤器内卸下附带的金属配件，该配件主要用于固定，放入咖啡粉，然后将螺丝轻轻锁牢。
2. 将放有浓缩牛奶的玻璃杯放在过滤器上。
3. 往过滤器内注入少量热水，等 30 秒左右。之后一次性倒入热水，进行提炼。

第二章

咖啡小知识

随着精品咖啡的出现，咖啡的世界发生了很大的变化。从咖啡豆的基础知识到咖啡生产国的相关情况，这可以说是一个崭新的咖啡世界，让我们一起走进这个世界吧！

美味咖啡的标准是什么?

精品咖啡的出现

2000年左右，精品咖啡的名字广泛流传。随着精品咖啡的出现，咖啡的世界也发生了很大的变化。

在精品咖啡出现之前，生产地独自决定咖啡的规格（产地海拔和咖啡豆的尺寸）并进行流通，咖啡的等级与咖啡风味的好坏并不一致。

另外，有很多产地的咖啡豆都会混在一起，很多上市的咖啡豆都没有详细的描述说明（种植园，品种，生产方法和流通信息）。

精品咖啡就是在评价消费者实际品尝盛杯质量（倒入咖啡杯内的咖啡原液风味）好坏的情况下诞生的。根据产地（当地所特有的风味）特性进行挑选，对个性突出的味道进行评价，促使了这种截然不同的咖啡的产生。

风土与风味

1982年设立的美国精品咖啡协会（SCAA）是今天精品咖啡的基础。以SCAA为中心的消费国订立了咖啡的国际标准，只有产地明确的咖啡才能上市。哪个农园种植的咖啡豆？采用哪种制作方法？产地的特性怎样？这一系列的信息都得到了明确。

另外， 还出现了用杯评（用葡萄酒进行品尝）标准进行咖啡评价的方案，对咖啡的味道特性，甜味，酸味进行打分，这样一来，咖啡评价的客观标准得到了完善。

新咖啡的产生可能性

现在，不仅仅是消费国，很多生产国也设立了精品咖啡协会，人们对咖啡的品种，栽培环境等精品咖啡的意识越来越强。2003年日本成立了精品咖啡协会。

精品咖啡从开始到普及，在短短的时间内就形成了一个很大的市场。精品咖啡在2004年的巴拿马国际展览会上正式登场，慢慢进化，渐渐让人离不开目光。

AWARD WINNER
Cup of Excellence
El Salvador
2009
cupofexcellence.org

COE

1999 年巴西开始举行国际咖啡品评会。世界各国的审查委员在当年生产的咖啡豆中选出品质最好的咖啡豆。举办国除了巴西之外，还有哥伦比亚、玻利维亚、哥斯达黎加、萨尔瓦多、危地马拉、洪都拉斯、尼加拉瓜、卢旺达等 9 国。审查主要围绕产品的美观度、甘甜度、酸度、入口质感、风味特性、印象度、均衡性等 7 个杯评项目进行评价。平均分达到 84 分以上的咖啡豆就会被授予 COE 的称号。

如何调制精品咖啡？

何谓精品咖啡？

精品咖啡这个词汇始于美国的 Eruna Knudsen 女士，她于 1978 年在法国举行的咖啡国际会议当中首次使用了精品咖啡，其定义为：在特别的气候，地理条件下打造出风味独特的咖啡。这可以说是精品咖啡的出发点。

之后，精品咖啡领域得到了急速的成长，现在很多消费国都成立了精品咖啡协会。

不同的协会所制定的精品咖啡评价标准有所不同。目前世界上没有一个共同的标准。

其中产地是品尝咖啡确定其好坏的评价标准，这一点是共同的。在这里向大家详细介绍精品咖啡的诞生过程。

产地决定等级

精品咖啡的评价姑且不论，各个产地自古以来就有自己的评价标准。主要是根据产地海拔，筛网大小，瑕疵豆的数量等标准来进行评价，确定等级规格。等级规格的确定很多情况下要附加上咖啡豆的名称，比如“牙买加蓝山咖啡豆”。一般而言，产地海拔高，颗粒饱满的咖啡豆为优质咖啡豆。

※ 根据瑕疵豆的种类和数目对瑕疵豆进行打分，判断每300g 咖啡豆内所含有的缺陷豆数目。

1 根据产地确定等级规格

产地国名	大致海拔	等级规格
危地马拉	1300m 以上	极硬豆（SHB）
	1200~1300m	硬豆（HB）
	900~1050m	特优质水洗豆（EPW）
萨尔瓦多	1200m 以上	极高海拔豆（SHG）
	900~1200m	海拔豆（HG）
哥斯达黎加	1200~1700m	极硬豆（SHB）
	800~1200m	硬豆（HB）

2 根据筛网大小确定等级规格

产地国名	大致尺寸	等级规格
哥伦比亚	S17（6.75mm）	Supremo（特选级）
	S14（5.5mm）~16（6.5mm）	Excelso（上选级）
坦桑尼亚	S17（6.75mm）	AA
	S15（6mm）~16（6.5mm）	AB

3 根据咖啡豆大小与瑕疵豆数目确定等级规格

产地国名	大致尺寸	瑕疵豆数目	等级规格
巴西	S–17（6.75mm）/18（7mm）	~11	品种 2
	S–14（5.5mm）~16（6.5mm）	~ 36	品种 4/5
印度尼西亚	< 天然 > 大型豆 7.5×7.5mm~ 小型豆 3×3mm~	~ 11	等级 1
		~ 25	等级 2
		~ 44	等级 3
		~ 80	等级 4
		~ 150	等级 5
牙买加 （蓝山）	S–17（6.75mm）/18（7mm）	~ 2%	No.1
	S–16（6.5mm）/17（6.75mm）	~ 2%	No.2
	S–15（6mm）/16（6.5mm）	~ 2%	No.3
	S–16（6.5mm）/17（6.75mm）	~ 4%	No.4 筛余

何谓精品咖啡？

评价咖啡的好杯

日本精品咖啡协会（SCAJ）对于精品咖啡做出了如下定义（详见下页图）。

从咖啡的生产到咖啡的饮用，在所有的阶段，都要对咖啡进行适当且最好的处理，让咖啡的风味和产地特征鲜明表现出来，这是精品咖啡的要求。

将这样的定义进行详细说明，这可以说是精品咖啡之所以成为精品咖啡的绝对性条件。

从咖啡的栽培到生产处理、运输、烘焙、提炼，精品咖啡会对每一个阶段进行评价判断。

精品咖啡的定义

消费者（咖啡的饮用者）手中的咖啡口感良好，能够评价为“美味”。

何谓风味良好的咖啡呢？这种咖啡必须有突出的风味特性，酸味清爽，能给人带来一种持续性的甘甜味道。

我们必须对咖啡生产的总阶段进行严格把关，从咖啡豆（种子）到咖啡的冲泡提炼等各个阶段，都要进行彻底的品质管理，这样咖啡的味道才能更加美味（from seed to cup）。

盛杯质量

杯评测试

精品咖啡要进行杯评测试（用红酒进行品尝，详情参照 P120），评价咖啡的盛杯质量（咖啡原液的质量）。SCAJ 制定了 8 个评价项目，如下页所示。

以前精品咖啡的杯评测试是通过寻找咖啡豆的瑕疵来进行的，现在的杯评测试与以前截然不同。通过杯评测试，精品咖啡的个性和细腻感会更加突出。

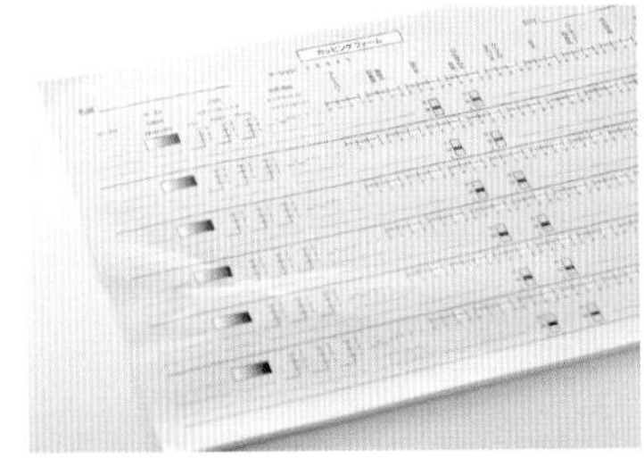

SCAJ 杯评测试

SCAA 制定的咖啡区分等级

美国精品咖啡协会（SCAA）规定，杯评测试在 80 分以上的咖啡可以称之为精品咖啡。

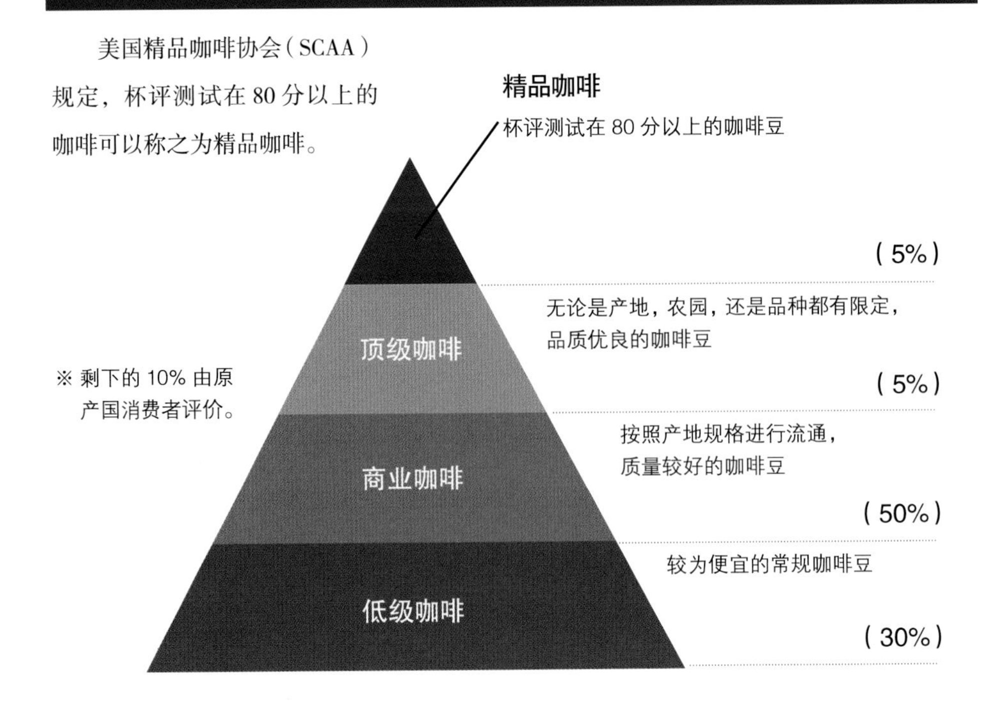

盛杯质量评价项目

1 盛杯美观度

咖啡风味有无缺陷。在评价咖啡品质方面，盛杯美观度可以说是基础评价项目。

2 甘甜度

这种甘甜的味道与收获咖啡果实之前果实是否均匀成熟有直接关系。所谓甘甜度不仅仅依赖于咖啡中包含的糖分量，糖分量与其他成分和要素的融合也是很重要的一个部分。另外，如果咖啡有较浓的苦味，刺激性酸味，同时还带有很大风味缺陷，即便糖分量多，也难以让消费者感受到甘甜味。

3 酸度

这里指的并不是咖啡的酸味度，而是对咖啡酸味的品质进行评价。判断酸味是否清爽细腻，刺激性酸味、给人带来不良口感的酸味、混浊的酸味、劣质的酸味都是咖啡减分的主要原因。

4 口感

咖啡传递给消费者的触感。咖啡入口时的黏性、密度、浓度以及舌间口感等质感。

5 风味特性

我们可以运用味觉和嗅觉来感知咖啡栽培地的风味特性。这是精品咖啡与一般咖啡的最重要区别。如果该种咖啡能够满足精品咖啡的定义，那么这种咖啡一定能够恰到好处地表现栽培地区的特性。

6 余感度

饮用完咖啡后是否有持续性的风味和香气。判断残留在口中的咖啡甘甜感是否会消失，或者是否会残留刺激味道。

7 均衡性

在咖啡风味方面是否有突出的味道，是否均衡调和了咖啡的味道。

8 综合评价

咖啡的风味特性有复杂性、丰富性、深奥性和均衡性，以此来判断这款咖啡能否给人带来舒适的感觉。

吸引人的精品咖啡 10

产地个性突出的精品咖啡。

在日本可以购买到来自世界各国味道独特的咖啡豆。我们可以实地品尝，找到自己喜欢的咖啡。所以，在这里用图表的方式向大家展示各种咖啡的特征，用黄色字体表示咖啡最独特的特征。为了充分了解咖啡的特性，也要注意一下咖啡的烘焙程度！

味道	推荐烘焙程度
风味(风味特性)	微中烘焙—中烘焙
酸味(包括甘甜味)	微中烘焙
醇香味（浓度、矿物质）	微中烘焙—中烘焙
苦味	中烘焙—微中烘焙

颗粒饱满且咖啡豆狭长

茵赫特庄园
El Injerto Pakamara

帕卡马拉种

连续获得 COE 咖啡品鉴优胜，种植于危地马拉的茵赫特庄园内。传统的灌溉，干燥的日光，帕卡马拉种咖啡豆得到了世界的认可。它拥有最上等的酸味和醇香味，如同红酒一样的芳香，又带有桃子和芒果那样的水果味。

风味	★★★★★
酸味	★★★★½
醇香味	★★★★★
苦味	★★★★½

危地马拉
Guatemala

巴西绿金庄园咖啡豆
Carmo de ouro

味道复杂，有些像柑橘和葡萄。

这种咖啡豆在巴西咖啡豆中属于上品优质咖啡豆。无杂味，味道复杂且带有透明的空间感，有些像柑橘和葡萄。醇香味浓厚的天然咖啡豆口感圆润温和。上等的果肉自然干燥法有 2 种处理方式。

风味	★★★★½
酸味	★★★½
醇香味	★★★★
苦味	★★★★½

巴西
Brazil

风味	★★★★½
酸味	★★★★½
醇香味	★★★★
苦味	★★★★

卡萨布兰卡庄园咖啡豆
La copa de casa blanca

酸味清爽，带有香草和柠檬的风味。

卡萨布兰卡庄园在海拔最高的兰卡地区，最高海拔是 1400~1500m，庄园积极引入最新机器，进行技术革新，曾经 3 次获得 COE 优胜奖。透明感十足的清爽酸味，带有果味的清香，黄油的质感，像香草和柑橘一样。

尼加拉瓜
Nicaragua

香格里拉庄园
Shangrila farm

味道均衡，广受日本人的欢迎。

香格里拉丘陵上广泛分布着一些小规模的家族经营农场。采用传统的制作方法，经过精细地处理种植出来的咖啡豆（波本种）于 2007 年获得 COE 鉴赏优胜奖。柠檬般清爽的酸味，橘子花一样的芳香，同时又兼具桃子、果仁的甘甜，味道十分均衡。

风味	★★★★
酸味	★★★★½
醇香味	★★★½
苦味	★★★★

萨尔瓦多
El Salvador

印度尼西亚·天然曼特宁
Indonesia natural mandheling

成熟的咖啡果实经过天然处理，成为了一种很珍贵的咖啡。

这不是一般的苏门答腊式咖啡，对成熟的咖啡果实进行天然干燥处理。这种曼特宁咖啡非常稀少，它拥有一种苏门答腊式咖啡所没有的独特香味，味道与摩卡相近。能够让品尝者感受到强烈的甘甜味，西番莲一样的果香味。

风味	★★★★★
酸味	★★★★½
醇香味	★★★★½
苦味	★★★★

印度尼西亚
Indonesia

也门·摩卡
Al makha

风味与红酒相近，醇香味浓厚。

这种咖啡在也门很珍贵，从上市到生产处理、运输都是在哈拉兹完成的。使用最新的意大利选用机，生产而成的具有稳定品质的咖啡豆。有浓厚的醇香味，如同红酒一般，另外，消费者还能享受到果香味。

风味	★★★★½
酸味	★★★★½
醇香味	★★★½
苦味	★★★★

也门
Yemen

耶加雪啡 G2
Yirgacheffe G2

这种咖啡豆非常珍贵，在埃塞俄比亚十分受欢迎。

这种咖啡豆经过有机栽培，产自耶加雪啡，耶加雪啡位于埃塞俄比亚的西达摩地区，海拔超过 2000m。在埃塞俄比亚咖啡中可以算是顶级咖啡。咖啡的味道有点像加了柠檬的印度大吉岭茶，酸味柔和，具有上等的红酒甜味，这都是耶加雪啡的味道特征。

风味	★★★★★
酸味	★★★★½
醇香味	★★★½
苦味	★★★½

埃塞俄比亚
Ethiopia

哥伦比亚·玛格达莱娜

Colombia magdalena

酸味与甘味分明，咖啡豆本体味道浓郁（P120）。

这种咖啡豆品质很高，慧兰县很多小规模农家都会生产这种高品质的咖啡豆。其品种与卡图拉、卡斯蒂罗、铁毕卡等批次不同。酸味和甘味分明，柑橘味道很浓，口感细腻丝滑。

风味	★★★★½
酸味	★★★★½
醇香味	★★★★½
苦味	★★★★★

哥伦比亚
Colombia

西格里 AA

Sigri AA

栽培环境理想，咖啡豆 呈青色，饱满漂亮。

栽培环境十分凉爽，海拔 1600m。这种咖啡豆所需要的水洗干燥时间要比通常的咖啡豆长。咖啡豆个头较大，像翡翠一样呈青色。味道醇厚浓重，干燥日光照耀下特有的甘味和酸味，除此以外还有一股荔枝味。

咖啡豆个头较大，呈翡翠色

风味	★★★★
酸味	★★★★
醇香味	★★★★½
苦味	★★★★

巴布亚新几内亚
Papua new guinea

角落农场

Fazenda recanto

热带雨林联盟认证环保农场。

农场积极推进环境保护策略，得到了热带雨林联盟的认证。主要栽培新世界（Mundo Novo）改良品种 No.19。该农场种植出来的咖啡豆甘味和醇香味很像巴西咖啡豆，甘味很像巧克力，味道调和均衡。

风味	★★★★
酸味	★★★★
醇香味	★★★½
苦味	★★★½

巴西
Brazil

提炼器具不同，杯评测试也不同

器具不同，容易带出的味道特征也不同

精品咖啡的冲泡方法与咖啡的基本冲泡方法一样。但是相同条件的样本咖啡，在不同的提炼条件下，提炼出来的咖啡液多少会有些不同。

精品咖啡的杯评测试有两种方式，一种为SCAA方式，一种为COE方式。在这里，取中度烘焙的咖啡豆用不同的提炼器具进行提炼，然后做杯评测试，打分评价并做比较。滤纸滤杯的评价分数全部设定为7分，参考这个标准找出自己喜欢的咖啡提炼方法。

标准 **滤纸滤杯**

12g → 180ml

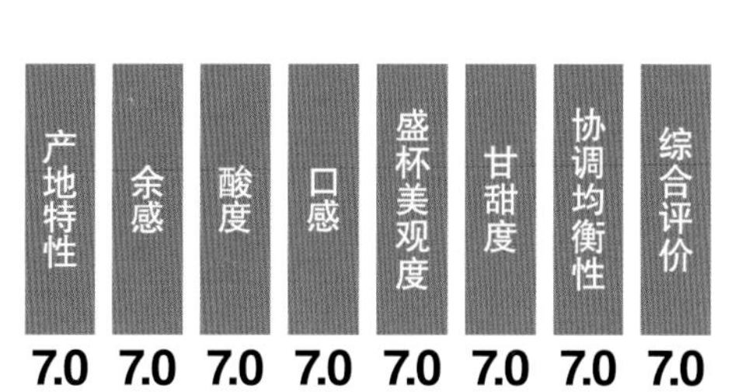

杯评测试评价项目

综合评价	咖啡风味是否纯正，是否能给人带来舒适的感觉，这其中添加了杯评测试者个人的喜好。
协调均衡性	评价咖啡风味的均衡性，咖啡味道是否协调，有没有突出的味道。
甘甜度	判断咖啡果成熟收获之前的甘甜度。
盛杯美观度	判断杯中的咖啡原液是否有风味缺陷。
口感	判断咖啡口味是否具有黏性、密度、浓度、丝滑性和收敛性。
酸度	并非指酸味的强度，评价的是酸味是否清爽分明，味道是否细腻。
余感	饮用咖啡之后对残留的咖啡风味进行评价。甘甜的味道是否会消失等等。
风味特性	味觉与嗅觉的组合，是否有花朵一样的香味，是否有水果一样的风味。

1 虹吸式咖啡

18g → 350ml

产地特性	余感	酸度	口感	盛杯美观度	甘甜度	协调均衡性	综合评价
7.5	6.0	6.0	7.5	7.0	6.5	7.0	7.0

2 法式压滤咖啡

14g → 300ml

产地特性	余感	酸度	口感	盛杯美观度	甘甜度	协调均衡性	综合评价
6.5	6.0	7.5	6.0	7.0	8.0	7.0	7.0

3 意式咖啡

20g → 60ml

产地特性	余感	酸度	口感	盛杯美观度	甘甜度	协调均衡性	综合评价
7.5	7.5	7.5	7.5	7.0	6.0	7.0	7.0

4 土耳其咖啡

10g → 150ml

产地特性	余感	酸度	口感	盛杯美观度	甘甜度	协调均衡性	综合评价
7.0	7.5	7.5	7.0	7.0	7.0	7.0	7.0

何谓咖啡豆?

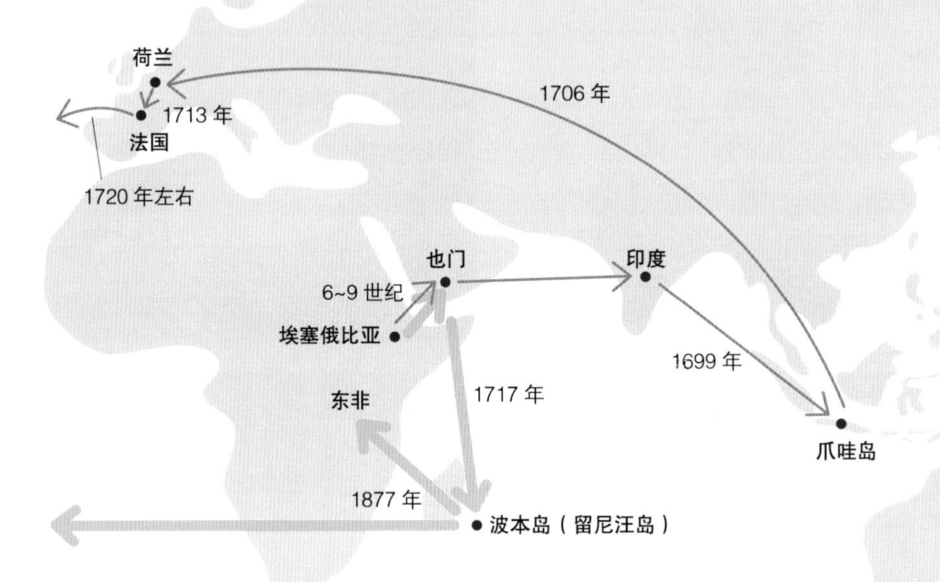

咖啡树

咖啡豆是咖啡的原料，是一种金属科热带植物果实的种子，据说有 103 种。其中，主要有 3 种是为摘取咖啡豆而栽培的，分别是阿拉比卡种、罗布斯塔种（中果咖啡）和利比里亚种（大果咖啡）。

世界各地栽培的咖啡中，有 75%~80% 是阿拉比卡种，阿拉比卡种有铁毕卡和波本等众多栽培品种。

中果咖啡是栽培品种的名称，很多人称它为罗布斯塔种，占世界栽培咖啡的 20% 左右。

利比里亚种也会生产一部分咖啡豆，但是生产数量非常少。

1730~1750 年

牙买加

1720 年左右

马提尼克

巴西

1877 年

阿拉比卡种的普及

铁毕卡原生种的普及

波本原生种的普及

咖啡果实的普及

咖啡果实是一种非洲的原产热点植物，其重要栽培地为现今的咖啡生产带（P100~101）。

人们普遍认为阿拉比卡种为埃塞俄比亚的自产种，于 6~9 世纪传到也门之后，在近 100 年内被当作伊斯兰世界的秘药饮用。1969 年，荷兰的印度公司首次将阿拉比卡种经由印度运到了印度尼西亚，在爪哇岛上进行培植。在那之后，爪哇岛上的树种便传播到了以荷兰、法国、马提尼克岛、牙买加为首的加勒比海诸国和中东美诸国。铁毕卡种就是以这种途径传播的。

品种

阿拉比卡种

Arabica

不适合于高温多湿的环境，常栽种于海拔较高的凉爽地区。喜好肥沃且吸水能力较好的土壤。有许多栽培品种，比如突然变异种或者交配种等。许多风味独特且拥有高品质的咖啡几乎都属于阿拉比卡种。

栽培品种

铁毕卡 *Typica*

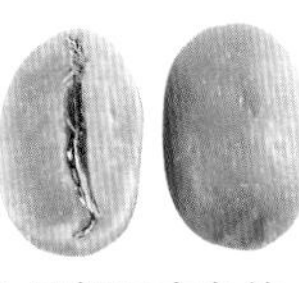

该品种是从埃塞俄比亚传入马提尼克岛的，广泛栽种于世界各地，有很多交配种。咖啡豆细长，尖端部位的形状很尖，十分突出。

黄色波本 *Bourbon*

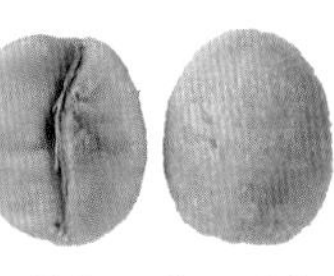

黄色波本为巴西圣保罗州特有品种，后来传到了波本岛。与铁毕卡品种一样，并称两大栽培品种。咖啡豆细小，呈长方形。

韦拉萨奇种 *Villa sarchi*

波本的变异品种，产地是哥斯达黎加西部的城市韦拉萨奇。产量少，咖啡豆的整体形状与波本种相似，但是颗粒较小，也稍显细长一些。

马戈拉日皮（象豆） *Maragogipe*

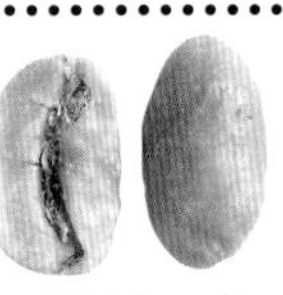

巴西铁毕卡种的突然变异种。产量少，在咖啡豆品种中，这种咖啡豆形状非常大，颗粒较大，被称为象豆。

品种

中果咖啡（中粒咖啡）

Canephora

适合于高温多湿的环境，无论什么样的土壤都可以栽种，所以成活率很高，易于栽种。抗病虫害的能力强，主要栽种于东南亚地区的低地。有较浓的苦味和罗布斯塔味。主要用于调和咖啡和速溶咖啡。

品种

利比里亚种

Liberica

以前与阿拉比卡种、罗布斯塔种并称咖啡三大原种。但是现在产量很少，仅有一部分地区生产，基本不在市场上流通。

咖啡的品种和栽培品种

阿拉比卡种与罗布斯塔种不仅风味不同，外观也有很大的区别。另外，由于阿拉比卡种的突然变异和交配，产生了许多栽培品种，如果我们将其对比来看，就能够看出其中的关联性和差别。观察咖啡豆的形状和大小，猜测品种，这也是很有趣的。

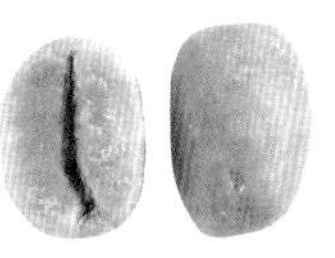

卡图拉
Caturra

生长于巴西的波本突然变异种。产量大，是中美的主要品种。这种咖啡豆与波本种相似，咖啡豆的一边尖端呈尖三角形。

帕卡拉马
Pacamara

原产地为萨尔瓦多，是帕卡斯与马戈拉日皮的（象豆）交配种。产量少，颗粒个头大，与卡图拉一样，尖端缝隙稍窄。

玛拉卡杜拉
Maracatu

栽培地为尼加拉瓜，是马戈拉日皮（象豆）与卡图拉的交配种。咖啡豆个头大，尖端缝隙较窄呈水平状，看起来像方形。

瑰夏
Geisya

铁毕卡系列埃塞俄比亚原产栽培品种。这个品种十分稀少，仅在有限的区域栽培。咖啡豆细长，形状特别。其味道与外观一样，个性十足。

栽培品种

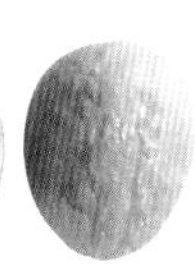

罗布斯塔
Robusta

该品种源于维多利亚湖的西边。人们经常用罗布斯塔这个名称来代替中果咖啡。咖啡豆含有油性和厚度，咖啡豆呈圆形。

如何种植咖啡豆？

必要条件

咖啡树种植于热带、亚热带等咖啡带内。阿拉比卡种产地的年降水量为1400~2000mm，中果咖啡种产地的年降水量为2000~2500mm。

阿拉比卡种不适宜栽种在高温多湿的地区，它常种在海拔1000m以上的高地。另一方面，中果咖啡耐热，抗病虫害能力强，所以能够在1000m以下的低地种植。海拔越高，气温越低，即便是相同品种的咖啡树，与赤道的距离越远，栽种地海拔就越低。

阿拉比卡种的日间平均气温为18~22℃，中果咖啡的日间平均气温为22~28℃。理想土壤条件为弱酸性、吸水能力好、表土深。阿拉比卡种喜好肥沃土壤，而中果咖啡种对任何土壤都可以适应。

上：如果咖啡树承受的日照过多则容易受到损伤，所以要在咖啡树旁种植一些树木避免阳光的直接照射。左：刚收获下来的咖啡果实。

咖啡果实与种子

种子为银皮，外面覆盖着一层叫内果皮的薄皮，表面含有黏液。除去外皮，剩下的就是咖啡豆。

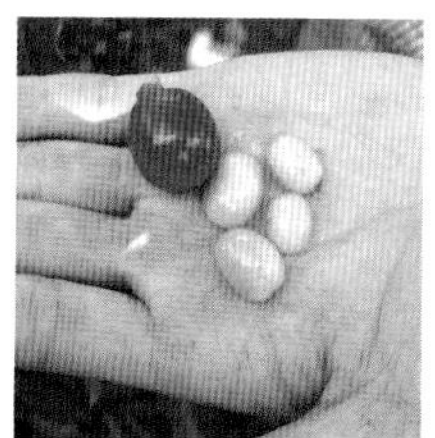

咖啡果实，从咖啡果实内取出的带黏液的种子

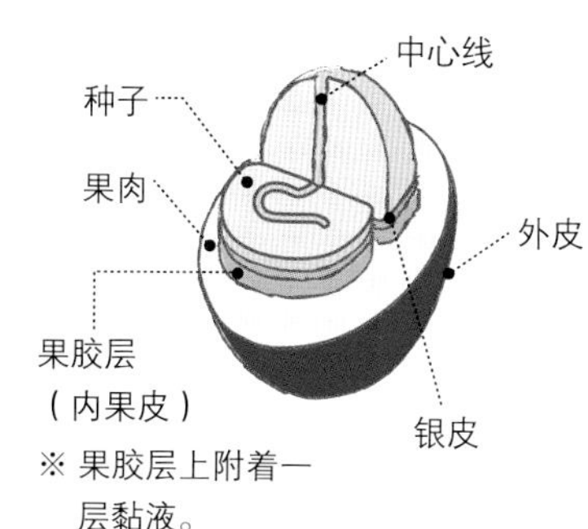

※ 果胶层上附着一层黏液。

多样化生产处理

在生产处理方式上面（→ P95），主要有“自然干燥法”（非水洗式）和“水洗式”，随着技术的进步和环境的变化，生产处理方式被细分。除了上述两种生产处理方式之外，还有巴西的“果肉干燥法”及印度的“苏门答腊”生产方式。

自然干燥（非水洗式）

对收获后的咖啡果实进行大致挑选，之后用日光进行干燥（或者机器干燥），让果肉和果胶层一次性脱落。剩下的生豆进行自然干燥或者机器干燥。如果采用自然干燥，会有未成熟咖啡豆和异物混入的缺陷。

水洗式

将收获的果实放入水槽，除去浮在水面的果实之后，以果肉去除机剥除外皮和果肉。利用发酵槽内的微生物除去粘在果胶层上的黏液。水洗过后采用天然干燥和机器干燥的方法进行脱壳操作。在处理的早期阶段，能够提高精细度，但是需要干净的水源。

果肉干燥法

将收获后的咖啡果实放到搅碎机（果肉去除机）内，除去果肉，干燥带果胶层的内果皮咖啡。与自然干燥相比，精细度有所提高。由于干燥的内果皮咖啡带有果胶层，所以干燥后的咖啡带有甘甜味。

苏门答腊式

除去果肉，在果胶层咖啡未经充分干燥的条件下脱壳，在生豆状态下干燥。在咖啡果实变成生豆之前，咖啡果实会变绿。

树苗 1

成长之前要用苗床进行培育

用带果胶层的咖啡种子进行播种，40~60 天内会发芽。双叶打开，约 1 个月内会长 5~6cm。在幼苗时期，我们用背阴的苗床进行栽培，等幼苗长到 40~50cm 时，就可以将幼苗移入农场。

成木 2

3年左右开花结果

移植到农场的幼苗经过 3 年时间才能成木、结果。一年可以收成 1~2 次。产量大的咖啡树寿命短则十几年，长则几十年。

开花 3

花朵呈白色，如同雪花一样

旱季后，咖啡树会开花。咖啡花为雪白色，有甘甜清香的味道，与茉莉花相似，农园被雪花覆盖，我们可以幻想一下这是多么梦幻的情景。咖啡花在 2~3 天内盛开，约 1 周左右落尽。

结果 4

红色咖啡果实

落花后数日内，咖啡树会结出青色的硬果实。一开始很小的果实会在 6~8 个月内逐渐变大，变红成熟。成熟时的形状和颜色与樱桃相似，叫做咖啡果。

收获 5

人工采摘，注意要一颗一颗采摘

即便是同一根枝干的咖啡果，其成熟速度也是不同的。所以我们要一颗一颗地用手采摘那些变红的成熟咖啡果。有些产地的农园会在地面上铺好布，然后用机器采摘，让咖啡果从枝干掉落。

生产处理 6

产地不同，处理方法也不同

所谓生产处理，就是从收获到的咖啡果内取出种子，剥除种子的外皮，并将种子加工为咖啡生豆。不同的产地采用不同的处理方法，而处理方法也在很大程度上影响到咖啡的风味和品质。

挑选 7

剔除异物和瑕疵咖啡生豆

生产处理过后，我们要从咖啡生豆中剔除石头等异物以及一些瑕疵豆，根据生豆的大小进行分类。可以用机器或者人工进行挑选，这样咖啡生豆就挑选好了。

杯评测试 8

评价咖啡的风味特性

由于咖啡生豆要作为商品上市销售，所以我们会在农场或者是工场进行杯评测试。通过实际品尝，进行检查评价，判断咖啡生豆是否有香味、异味、瑕疵。根据杯评测试的结果决定咖啡生豆的价格。

咖啡规律的普及

咖啡的岗得瓦纳起源说

在分类学上，咖啡属于被子植物，茜草科，咖啡族，一般称为咖啡树。只有非洲和马达加斯加有野生咖啡树，但是咖啡的诞生地并不在非洲。那么，咖啡树的祖先到底是从什么地方来的呢？这个问题与“岗得瓦纳起源说”有很深的关系。

有一种植物叫九节属，与咖啡同属茜草科。野生咖啡树只有非洲和马达加斯加才有，而野生九节属不仅在非洲有，从印度到澳大利亚北部以南至东南亚一带也有。九节属的祖先是白垩纪时期的岗得瓦纳大陆，后来被分为几个支系。在那之后，大陆发生了漂移，非洲和印度分开了，这些植物一边适应环境一边繁衍，不久，非洲的支系有一部分衍生出了另外一个新支系，于是咖啡树诞生了。

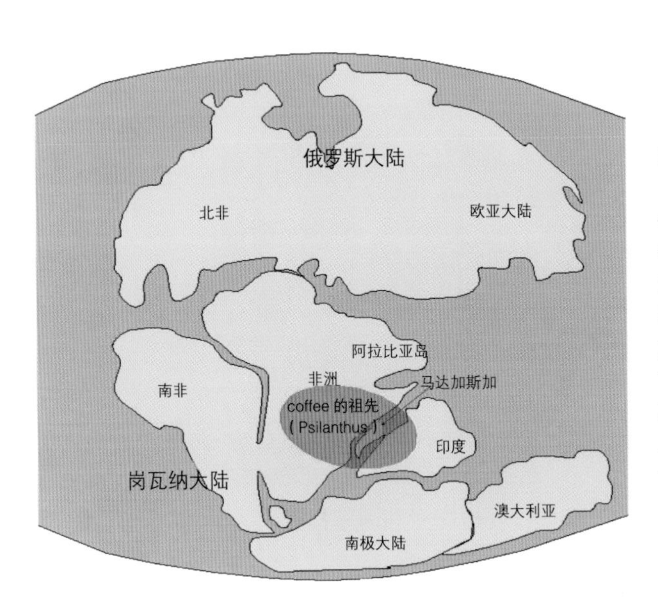

图 1 岗得瓦纳起源说
“岗得瓦纳”是侏罗纪大陆的名称。在侏罗纪之前的三叠纪时期，有一块大陆叫盘古大陆，这块大陆在侏罗纪时期持续不断地进行着分割，其中包括劳亚古陆（含北非、欧亚大陆）和岗得瓦纳大陆（含现今的南非、非洲、阿拉伯半岛、马达加斯加、印度半岛、澳大利亚、南极大陆）。这就是所谓的大陆飘移假说。

阿拉比卡种诞生于何地?

阿拉比卡种的源头是中果咖啡和欧基尼奥伊德斯种。从系统分类上看，中果咖啡属于海拔较低的 WC 支系，而欧基尼奥伊德斯种属于海拔较高的 C 支系。这两种生长环境完全不同的植物同时栽种在同一个地方。中果咖啡主要种植在海拔为 250~1500m 的地方，而欧基尼奥伊德斯种主要种植在海拔为 1000~2000m 的地方。

也就是说，在海拔为 1000~1500m 的地带，我们可以同时栽种这两个品种。从地图中可以看出（地图 2），非洲最大的维多利亚湖的西北部，从阿伯特湖到坦干依喀湖地带的高地（黄色部分）是符合条件的。因此，阿拉比卡种就是在这块高地上诞生的。

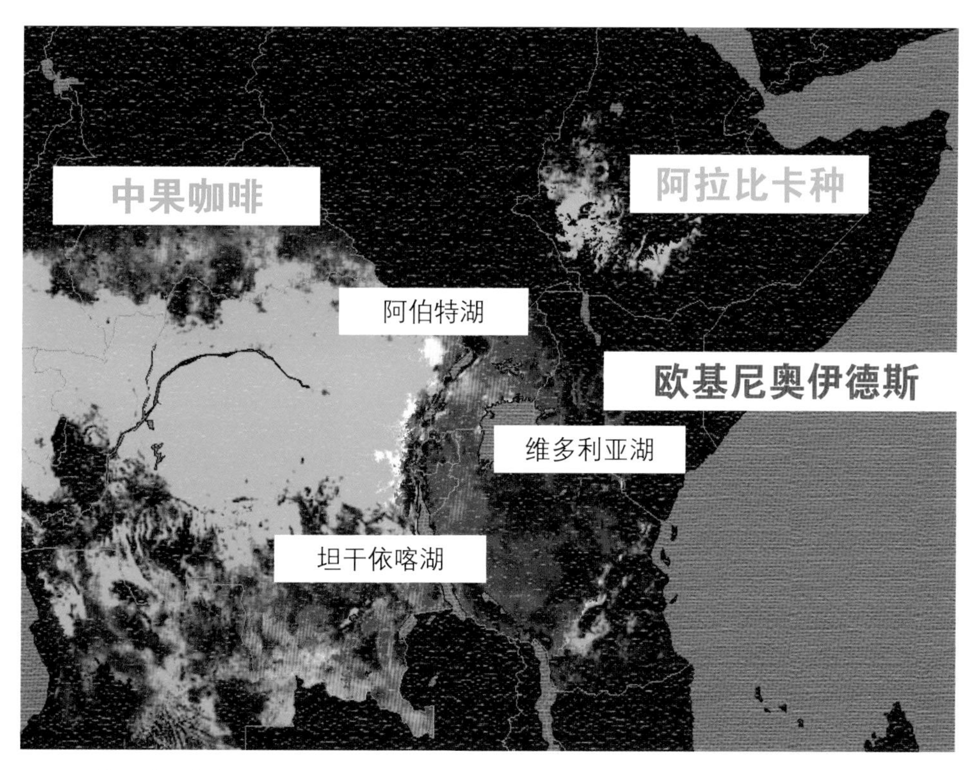

图 2：阿拉比卡种的故乡

■ 欧基尼奥伊德斯的野生区域（C 支系）
■ 中果咖啡的野生区域（WC 支系）
海拔 1000~1500m 地带
■ 阿拉比卡种的野生区域

梦幻咖啡：麝香猫咖啡（kopi Luwak）

麝香猫咖啡有梦幻咖啡之称。这种咖啡产量稀少，十分独特，价值较高，相传麝香猫吃下咖啡果实后，经过消化系统排出体外。

“Kopi”源自印度语，是咖啡的意思。“Luwak”指的是一种叫“麝香猫”的树栖野生动物，直译便是“麝香猫咖啡”。这种咖啡究竟是怎么诞生的呢?

在印度尼西亚的农园里，经常会发生野生麝香猫偷吃咖啡果的情况。麝香猫会选择成熟甘甜美味的咖啡果食用。

但是，麝香猫不能够消化咖啡果的果肉部分，所以咖啡果的种子不经消化，与麝香猫的粪便一并排泄出来，此时排泄出来的种子带有果胶层（覆盖在种子周围的内果皮）。人们会将种子从麝香猫的粪便中取出洗净，脱去果胶层，剩下的种子便成为了麝香猫咖啡的原料。

麝香猫咖啡有一种其他咖啡所没有的独特味道。从麝香猫体内取出的种子由于消化酵母和细菌的作用，产生了特殊反应。其味道甘甜复杂，有一种独特的强烈芳香。

电影中的麝香猫

麝香猫曾经在《海鸥食堂》《遗愿清单》等电影当中作为故事的重要角色登场。

麝香猫栖息在草原和森林等地，很多都是夜间出动，杂食为主，主要以昆虫、鸟类、小型哺乳动物和果实为生。

在世界各地，麝香猫咖啡都是借助不同动物介质生产而成的。在菲律宾，有一种猫与麝香猫类似，据说非常稀少，比麝香猫价值还高。

另外，中国台湾有台湾猿猴，巴西有雀鸟，南印度有麝香猫，非洲有猴子，纽基尼亚有松树。总而言之，在世界各地，都有通过动物介质产生的咖啡。

由于这些咖啡产量少，又都是通过人手收集，所以价格昂贵，这也是它们被称为梦幻咖啡的由来。

咖啡产地指南

以赤道为中心的咖啡带内侧，大约有 60 个国家种植咖啡。在今天这个注重咖啡个性风味的时代，人们将目光放在了咖啡豆品种，生产处理方法等咖啡产地的特点上。因此，我们走访了世界上 16 个生产咖啡的代表国家，为大家做一些介绍说明。

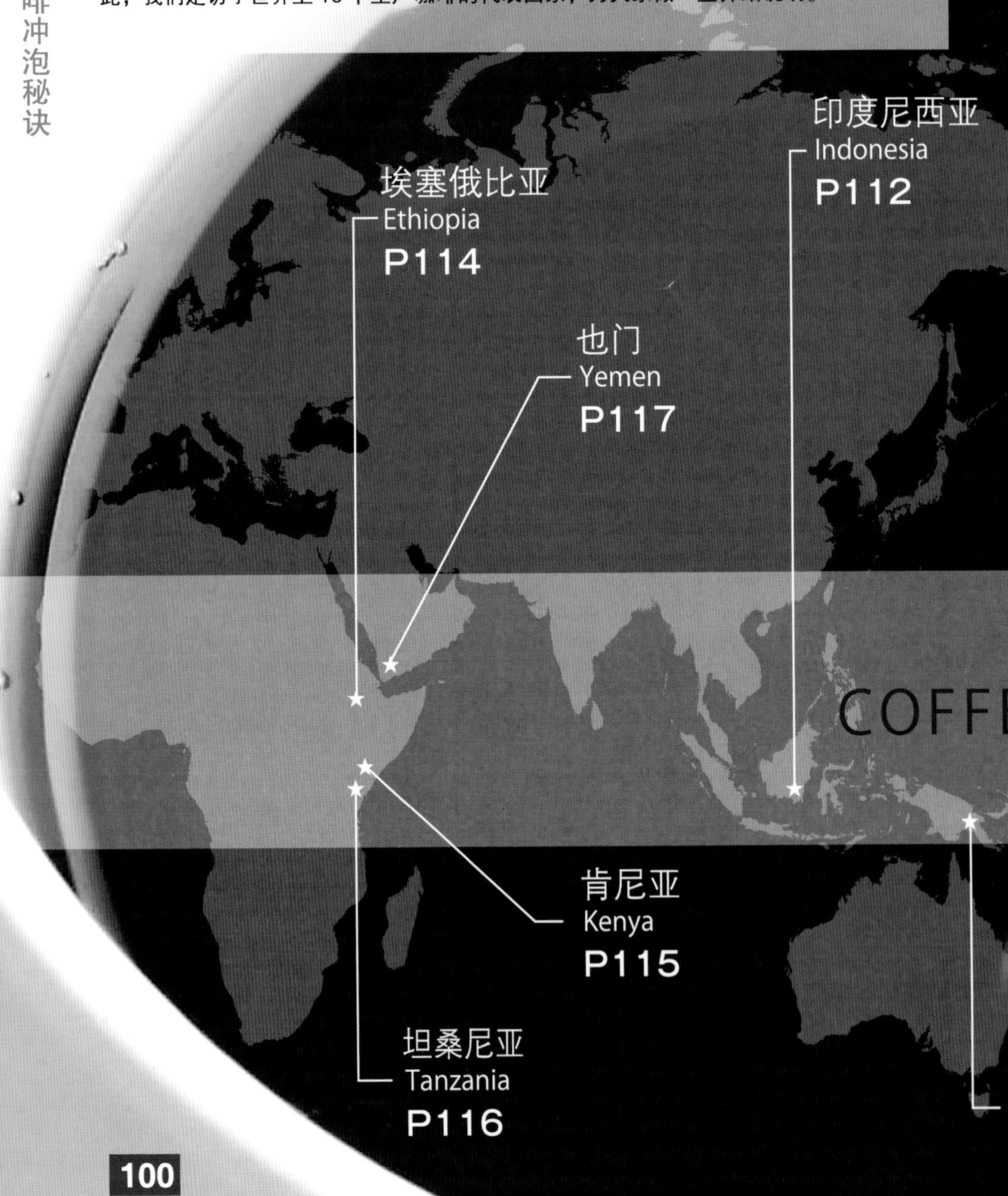

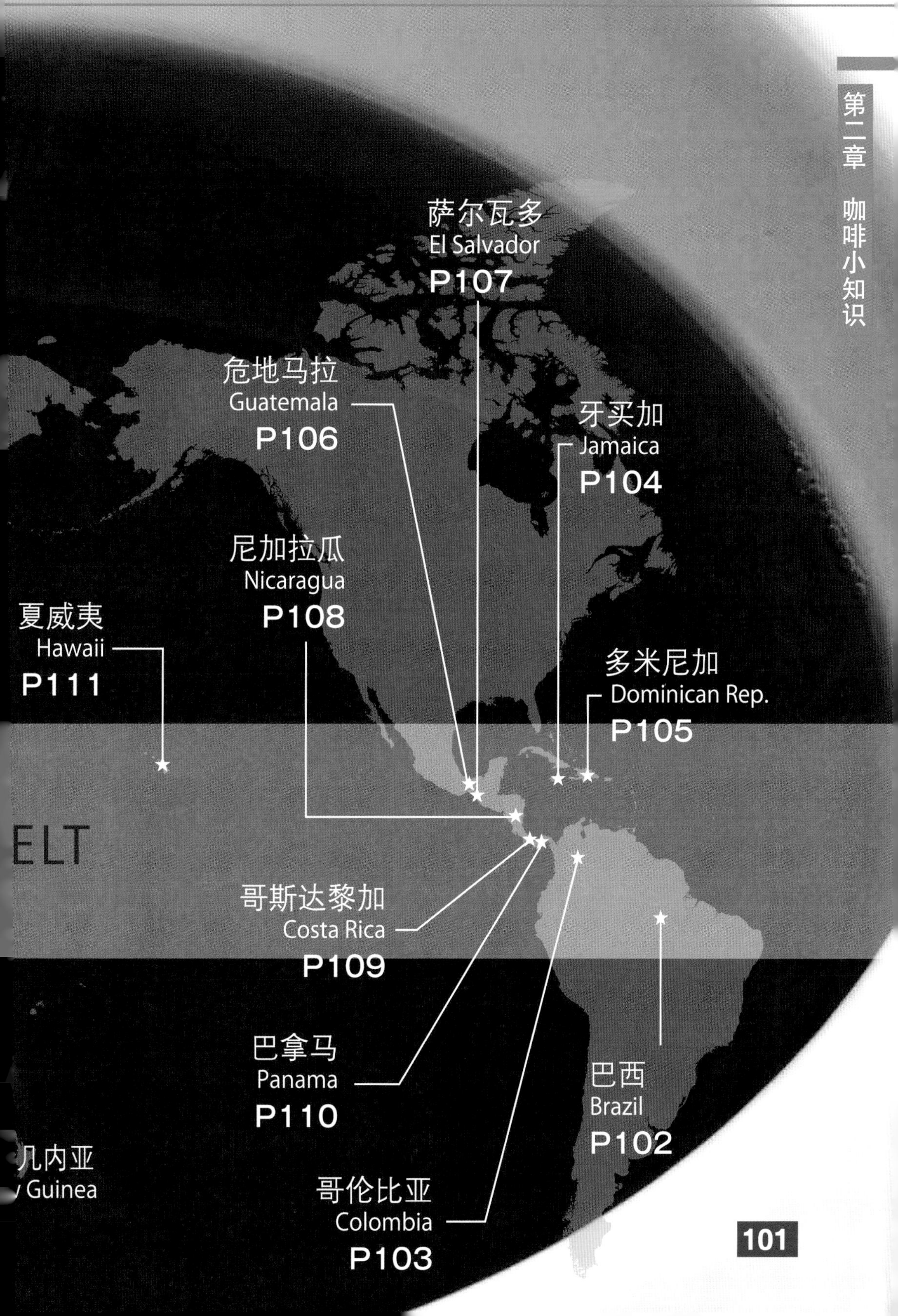

萨尔瓦多
El Salvador
P107
危地马拉
Guatemala
P106
牙买加
Jamaica
P104
尼加拉瓜
Nicaragua
P108
夏威夷
Hawaii
P111
多米尼加
Dominican Rep.
P105
ELT
哥斯达黎加
Costa Rica
P109
巴拿马
Panama
P110
巴西
Brazil
P102
几内亚
Guinea
哥伦比亚
Colombia
P103

巴西
Brazil

巴西为咖啡大国，咖啡产量世界第一，品种众多

巴西的咖啡产量位居世界第一，每年的国内咖啡消费量都在增加，是仅次于非洲的世界第二大咖啡消费大国。对日本输入咖啡的国家当中，巴西排名第一，其输入的咖啡豆常用于调和咖啡。

主要咖啡栽种地区为首都巴西利亚的南部，米纳斯高原的米纳斯吉拉斯州。这个地区点状分布着生产帕图斯迪米纳斯和喜拉多等优质咖啡豆的农园。除了各种各样的阿拉比卡种咖啡豆之外，中果咖啡柯林隆在这里种植地也比较多，巴西是世界咖啡栽种的领导国家。

■栽种品种

主要是新世界、卡图拉、波本等品种。

■生产处理

主要是自然干燥处理。一部分会采用果肉干燥法。

■评价方法

根据筛网大小和瑕疵豆的数目，将其等级规格定在“类型2”～“类型6”之间。筛网大小为S-17（6.75mm）~18（7mm），瑕疵豆300g，瑕疵分数(根据瑕疵的种类和数量，比方说5颗未熟豆中有1颗瑕疵豆等情形进行打分）在11分以下的咖啡豆等级规格可定为最高级别“类型2”。

资料

PICK UP! 关注产地

地区：帕图斯迪米纳斯
海拔：1100~1250m
栽种品种：波本阿卡亚、黄波本（不同批次有异常）
生产处理：自然干燥或者果肉干燥法（不同批次有异常）
风味特性：无杂味，味道透明清澈，有柑橘和葡萄般的复杂果味

帕图斯迪 欧鲁
Calmo de ouro

帕图斯迪米纳斯位于米纳斯吉拉斯州的曼蒂凯拉山脉的山脚下，是一个比较小的生产地区。在帕图斯迪米纳斯只集中收获成熟的咖啡果实，进行生产处理。1 次收成为 1 个批次，由于品种和生产处理方式不同，所以咖啡的独特品质能够直接反映出来。在世界品评会当中，以良好的品质、顶级的味道获得了很高的评价。

哥伦比亚
Colombia

产量位居世界第三，小规模农园生产，咖啡豆优质

哥伦比亚的咖啡产量位居世界第三，在阿拉比卡种的种植区域中位居第二。哥伦比亚的国立咖啡生产协会（FNC）管理着咖啡的生产和流通，致力于改善咖啡的生产环境和品质，积极推行精品咖啡评价标准。

哥伦比亚处于赤道下方，年收2次。小规模农园较多，利用香蕉树等植物来遮挡阳光，进行咖啡栽种，基本上都是依靠人工采摘。生产处理方式以水洗式为主，为了减少水的利用，开始导入新机械进行生产处理。

■栽种品种

主要栽种卡图拉，卡斯蒂罗，哥伦比亚咖啡豆，铁毕卡等。

■生产处理

10月至次年1月以及4~6月份进行采摘，主要采用水洗式处理方式。

■评价方法

根据筛网大小和瑕疵豆的数目确定咖啡豆的等级规格。筛网大小为S-17（6.75mm）以上的咖啡豆定级为“特选级”，S14（5.5mm）-16（6.5mm）的咖啡豆为“上选级”。

资料

PICK UP! 关注产地

地区：慧兰县
海拔：1350~1850m
栽种品种：卡图拉、卡斯蒂罗、铁毕卡等（不同批次品种不同）
生产处理：水洗式
风味特性：浓厚的柑橘类风味，酸味分明，口感甘甜，口味丝滑

哥伦比亚 马略卡岛
Colombia magdalena

位于哥伦比亚西南部的慧兰县。这个接受了FNC栽培技术支持的小规模农园是一个生产高品质咖啡豆的地区。慧兰县中，有一个小规模农园组合马略卡岛，专门生产哥伦比亚特有的甘甜咖啡豆。马略卡岛所生产的全部咖啡豆会分成几个批次，批次不同，生产区域和品种也会有所不同。小规模农园精细栽种出来的咖啡豆拥有较高品质，酸味和醇香味分明，带有一股柑橘系列的果味。

牙买加 Jamaica

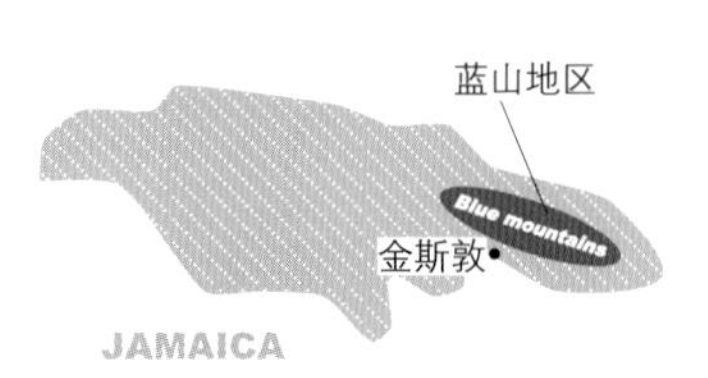

蓝山咖啡拥有“咖啡之王”的美誉，日本为蓝山咖啡最大的输出国

牙买加一名源自土著居民阿拉瓦克的语言“Xaymaca”，意为“水和树木之地”。牙买加天然环境得天独厚，土壤呈弱酸性，雨水充沛，日间温差达到8℃以上，适合咖啡种植。

高级咖啡豆蓝山咖啡可以说是牙买加咖啡的代名词。牙买加咖啡工业委员会（CIB）将这块特定的区域品牌化，这在世界上是首次。在蓝山山脉周边的蓝山地区种植咖啡豆，并在指定的生产处理工场进行处理。

■栽种品种
周边岛屿当中，卡图拉的品种数量逐渐增多，而牙买加基本种植的都是蓝山咖啡。

■生产处理
从10月份左右开始收获，主要采用水洗生产处理方式。

■评价方法
蓝山咖啡有自己的规格等级，根据筛网的大小和瑕疵豆确定咖啡的规格等级。尺寸等级可以分为“No.1”“No.2”“No.3”。其他的咖啡豆可以根据海拔和筛网大小来决定。

资料

PICK UP! 关注产地

地区：爱尔兰（圣安德鲁斯）
海拔：800~900m　栽种品种：铁毕卡
生产处理：水洗式
风味特性：味道醇厚，芳香怡人，甘甜味道调和地很均衡

UMI蓝山咖啡上岛庄园

UMI Blue mountain coffee craighton estatev

1981年受美国和牙买加政府的邀请，UMI成立了。庄园吸收了很多新技术，比如，在急度倾斜的阳台上栽种咖啡，在遮阳树下栽种优质蓝山咖啡豆。另外，针对庄园的自然环境，相关部门也进行了认证评价。2008年，庄园首次获得了热带雨林联盟的加勒比地区咖啡庄园认证，除此之外，还取得了相邻地区劳伦斯庄园，罗斯维尔庄园的认证。

多米尼加 Dominican Rep.

种植区域为山岳地带，生产珍稀的加勒比咖啡

多米尼加共和国位于加勒比海的中间，小安列斯群岛的东侧。以加勒比海的最高峰杜阿尔特峰山为首的中间山脉起伏性较大。咖啡的种植就在这块山岳地带。

主要生产地区为北部圣地亚哥州的赐宝谷地和南部的巴拉奥纳高地，生产出来的咖啡品质很高。其中赐宝谷地的咖啡拥有很强的风味特性。

巴拉奥纳的咖啡拥有加勒比特有的温和风味，带有药草的清香。产量逐渐减少，在日本很稀少。

■栽种品种

巴拉奥纳种植铁毕卡较多，其他地区则较为重视生产性，逐渐改种容易种植的卡图拉。

■生产处理

不同海拔的咖啡树收获期也有所不同。低地从 9 月份开始收获，高地从 11 月份开始收获。以前采用自然干燥法的处理方式，现在主要以水洗式处理方式为主。

■评价方法

根据筛网的大小来进行评价，但是有些咖啡豆也根据产地进行规格等级的确定，比如生产高品质咖啡豆的 cibao 和巴拉奥纳等地。

资料

PICK UP! 关注产地

地区：圣地亚哥州 海拔 1250~1500m
栽种品种：卡图拉、波本、铁毕卡
生产处理：水洗式
风味特性：味道丰富，酸味清爽，花香浓厚。

卡尔玛庄园 Karoma

卡尔玛庄园位于杜阿尔特山的西部。常年被瑞士老牌店 Roaster 评为精品咖啡，获得 COE 的优胜奖，即便在多米尼加，这座庄园也属于顶级庄园。庄园面积的 25% 用来保护水和野生植物，女庄园主 Begoña 进行的是环保的咖啡生产，庄园内种植着澳洲坚果和椰子等 10 种植物。引进了最新的高品质机器进行咖啡豆的生产处理。

危地马拉
Guatemala

采用传统方法制作而成的精品咖啡，危地马拉是中美州的代表产地

危地马拉位于中美洲北部，拥有很多3000m级别的火山。从高山地带到墨西哥平原，太平洋一侧和大西洋一侧都栽培着咖啡。气候得天独厚的安提瓜火山、拥有肥沃火山灰土壤的薇薇特南果火山以及阿蒂特兰火山周围是咖啡的主要生产地。运用传统的农业生产方式，生产高品质的精品咖啡。

ANACAFE是危地马拉国的国立咖啡协会，协会负责生产者和出口业者的咖啡行销事务。协会对生产者的周边环境进行了整理，进行农业支援。

■栽种品种

几乎全为阿拉比卡种。主要以波本种为主，也栽种卡图拉、卡杜艾等。

■生产处理

9月至次年4月收获。主要以传统水洗方式进行处理，采用天然干燥和机械干燥。

■评价方式

根据海拔确定咖啡豆的等级，但是很多咖啡豆也根据风味特性来确定。海拔1300m以上生产的咖啡豆为“极硬豆”（SHB），1200~1300m的咖啡豆为“硬豆”（HB），900~1050m的咖啡豆为“特级上等水洗咖啡豆”（EPW），900m以下的咖啡豆为“上等水洗咖啡豆”（PW）。

资料

PICK UP! 关注产地

地区：薇薇特南果 海拔1500~1600m
栽种品种：波本、帕卡马拉
生产处理：水洗式
风味特性：味道复杂，拥有桃子和芒果果香，味道如同红酒一般

茵赫特庄园
El Injerto

薇薇特南果火山深处的自由村有一块广阔的土地，这块土地上坐落着茵赫特庄园。这个庄园是一个顶级庄园，每年都会在危地马拉的精品咖啡品评会上获奖。火山灰土壤富含有机物质，雨量适合，旱季分明，平均气温为16~28℃，是十分理想的环境。农园主人Arturo Aguirre在庄园内配备了干燥研磨装置，可以进行全部的咖啡生产处理加工。

萨尔瓦多 El Salvador

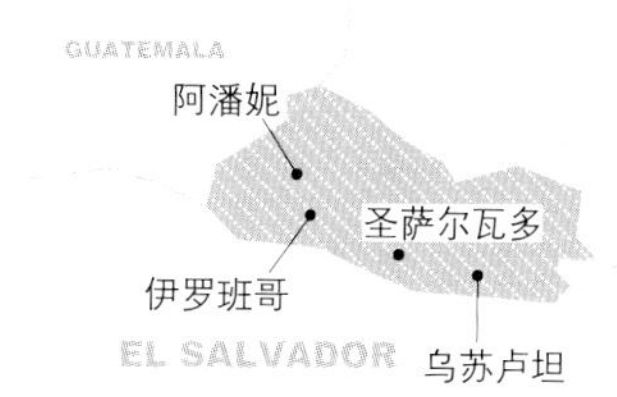

萨尔瓦多出产的帕卡马拉广受关注

萨尔瓦多在中美洲的面积最小，拥有最适合咖啡栽种的肥沃火山灰土壤。以前萨尔瓦多是世界咖啡生产最高的高地产区，1980~1990年发生了内战，虽然出现了一段咖啡栽种的空白期，但是产区并没有改种波本种。东部的乌苏卢坦和西部的阿潘妮、伊罗班哥都是咖啡的主要产地。

另外，近年，萨尔瓦多开发出来一个新品种——帕卡马拉，这个品种广受人们关注。在精品咖啡品评会上经常获奖，并且获奖几率非常高。

■栽种品种

波本种较多。帕卡马拉是波本突然变异种帕卡斯与马戈拉日皮的交配种，是萨尔瓦多的特有品种。在萨尔瓦多的一部分地区进行栽种。

■生产处理

9月至次年4月份收获。主要采用传统的水洗处理方式，进行自然干燥和机器干燥。

■评价方法

根据栽种地海拔进行定级。1200m以上的咖啡豆为“极硬豆”（SHB），900~1200m的咖啡豆为“海拔豆”（HG）

资料

PICK UP! 关注产地

地区：阿潘妮 海拔：1468m
栽培品种：波本
生产处理：水洗式
风味特性：拥有柑橘味柠檬酸，像橘子一样的香味，酸味和香味调和得很好。同时我们也能够感觉到香草和枣子的甘甜味道

香格里拉庄园 Shangrila Farm

香格里拉庄园位于Apaneca的香格里拉丘陵。庄园的主人Juan Carlos继承了持续70年以上的家族传统产业，对新咖啡的生产有很大的热情，可以说是新时期第一人。庄园致力于栽种品质讲究的独特波本种，常年保持在COE的获奖记录。庄园覆盖很多的遮阴树木，人工采摘成熟咖啡果实，采用传统的水洗和自然干燥处理方式。

尼加拉瓜 Nicaragua

品质意识高，在精品咖啡评价上广受瞩目

尼加拉瓜在中美洲的面积最大，其土地可以分为两种，西部为山岳地带，东部为原始森林。

咖啡栽种地主要在西侧山脉的西北部，马塔加尔帕、希诺特加、努埃瓦、塞戈维亚为主要的咖啡产地。气候温和，雨季和旱季分明，气候条件十分适合栽种咖啡。

近年，努埃瓦、塞戈维亚栽种的咖啡豆受到很大的关注。这个区域位于陡峭的山岳地带，海拔高，小规模农园多。对产品的品质意识较高，在COE的获奖次数也比较多，在精品咖啡领域受到了很大的关注。

■栽种品种

卡图拉、卡杜艾、马戈拉日皮、帕卡马拉、波本等。

■生产处理

10月至次年2月收获，主要采用水洗式处理方式，进行自然干燥。

■评价方法

根据海拔高度决定咖啡的等级。1500~2000m以上为“极硬豆”（SHG），1300~1500m为“硬豆”（HG），1000~1300m为“大西洋低海拔豆”（MG），500~1000m为“大西洋中海拔豆”（LG）”。

资料

PICK UP! 关注产地

地区：塞戈维亚
海拔：1150~1500m
栽种品种：卡图拉、波本
生产处理：水洗式
风味特性：无杂味，味道清澈透明，酸味清爽，花香浓厚，香草风味

绿金庄园
La copa de casa blanca

绿金庄园位于尼加拉瓜的西北部陡峭的山丘地带，拥有悬崖和谷地。年轻的庄园主Sergio Noé Ortiz积极进行技术革新，2008年在尼加拉瓜首次导入了最新的生产处理机器以及非洲高床干燥棚，致力于提高咖啡豆的品质。获得SCAA品质管理星级杯评，Q等级，从2003年开始连续3次获得COE优胜奖，业内对其评价很高。

哥斯达黎加
Costa Rica

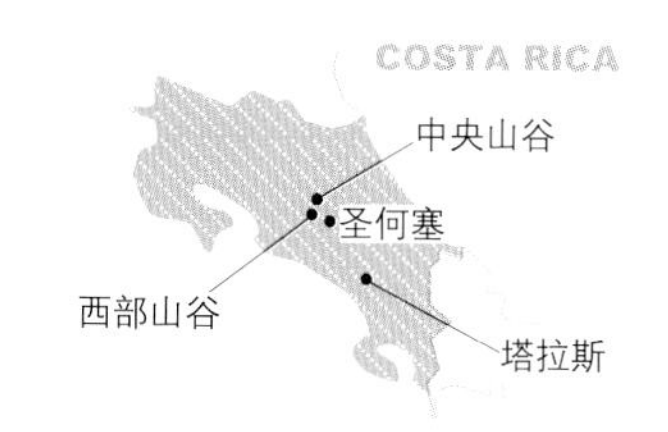

小规模农园，精细的生产系统产出了许多优质咖啡豆

哥斯达黎加在城镇化道路上取得了很大的进步，但是它的咖啡庄园却在不断减少。由政府和生产者，出口业者组成的哥斯达黎加咖啡协会（ICAFF）统一管理，从咖啡的生产到出口，对咖啡产业进行大力支持。当地小规模农园很多，今年还导入了俗称“小生产处理场”的微研磨系统。各个农园通过改变生产处理方式提高咖啡豆的品质，建立起统一的生产系统。

太平洋一侧的塔拉斯、中部的中央山谷和西部山谷是咖啡生产的主要产地。海拔较高的区域能够生产出较高品质的咖啡豆。

■**栽种品种**

卡图拉、卡杜艾等品种较多。哥斯达黎加的法律中明令禁止栽种罗布丝塔种。

■**生产处理**

11月至次年3月收获。主要采用果肉干燥法，这种方法能够取出果肉和黏液。

■**评价方法**

根据海拔确定咖啡豆的等级。从高到低，依次为“极硬豆”（SHG），“优质硬豆”（GHB），“硬豆”（HB）。

资料

PICK UP! 关注产地

地区：中央山谷
海拔：1200~1600m
栽种品种：卡图拉
生产处理：水洗式
风味特性：酸味清爽，有柠檬和杏味，另外，还有像蜂蜜和奶糖那样的甘甜味

布鲁马斯庄园
Brumas del zurqui

该庄园位于Central Valley，拥有120年的历史。虽然国内的咖啡庄园在不断减少，但是庄园第3代的主人Fan Ramon Alvarado仍然觉得特殊处理是有必要的，从很早开始就致力于调和咖啡的生产，干燥带有黏液的咖啡豆，让咖啡带有甘甜味和清新香味。在2005年的国际品评会上获得了第1名，主人发挥了其所学的农学知识，通过化学途径，生产出了非常优质的咖啡豆。

巴拿马
Panama

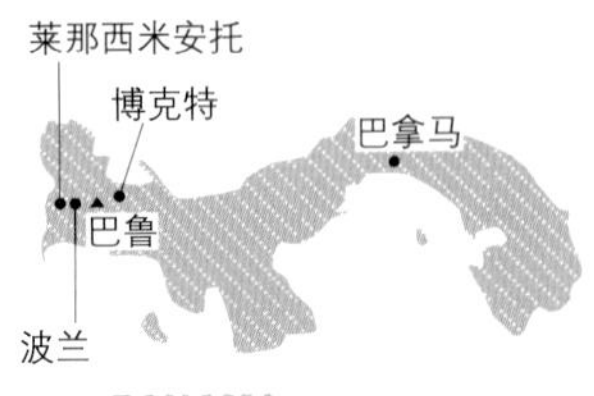

瑰夏在巴拿马掀起了一股热潮，博克特受到了关注

巴拿马国土辽阔，与西侧的哥斯达黎加相近，以巴鲁山脉为中心的奇里基县是咖啡的种植地。特别是巴鲁山脉东侧的博克特、西侧的波兰、莱那西米安托，这些地方都是优良的咖啡种植地。

博克特气候凉爽，多雾，适合种植咖啡，自2004年开始，瑰夏品种就受到了多方关注。瑰夏品种1962年进入巴拿马，其原产地是埃塞俄比亚瑰夏，后来经过哥斯达黎加，当时巴拿马为了应对急速蔓延的锈叶病，引入了瑰夏品种。

■栽种品种
卡图拉、卡杜艾较多。瑰夏的栽种数量也在增加。另外，此地还留有中美洲十分珍贵的改良品种铁毕卡，采用传统种植方法进行栽培。

■生产处理
9月至次年3月开始收获。主要处理方式为水洗式，自然干燥，或者一部分用机器进行干燥。

■评价方法
根据海拔决定等级。依次可以分为“极硬豆”(SHB)，“硬豆”(HB)。

资料

PICK UP! 关注产地

地区：博克特　海拔：1500~1700m
栽种品种：瑰夏
生产处理：水洗式
风味特性：酸味中伴有甘味，像茉莉花一样的香气，有柑橘类果香

绿宝石庄园
La esmeralda

庄园位于巴鲁山脉的山脚下，平均海拔1600m。2004年瑰夏在巴拿马的国际博览会上获得了最高的拍卖价格，使得庄园声名大噪。瑰夏长年栽种在庄园的一角，颗粒饱满，细长，与其他咖啡豆的形状不同。海拔高，雨量多，自然环境优越，生长过程不添加农药，采用精细的生产处理方式，生产出了高品质的瑰夏咖啡豆。

夏威夷
Hawaii

考艾岛
火奴鲁鲁
毛伊岛
HAWAII
霍阿拉拉
夏威夷
瓦拉莱
库克
毛那洛亚

特殊的气候，严密的规格，这便是高品质的科纳咖啡

虽然夏威夷的考艾岛和毛伊岛都栽种咖啡，但是科纳咖啡主要是在夏威夷岛栽种。主要栽种区域是夏威夷岛西部的霍阿拉拉、库克一带和毛那洛亚。从西北部吹来的风让华拉莱云层聚集，山的由西到西南侧雨量充沛，海拔为500~600m，虽然海拔较低但是温差很大，适合栽种咖啡。

另外，夏威夷群岛上的咖啡不会与其他品种杂交，政府进行了严格的管理，出口规格也很严格，所以上市的咖啡豆大多都是高品质咖啡豆。

■栽种品种
夏威夷岛上栽种的咖啡称为夏威夷种，特征鲜明的铁毕卡。

■生产处理
9月至次年1月收获。以水洗式为主，自然干燥，根据气候条件，也会采用机器干燥。

■评价方法
根据咖啡豆的光泽、颜色、筛网大小、瑕疵豆的含量、温度进行定级。满足夏威夷州政府规格的咖啡豆称之为科纳咖啡豆，圆豆可以做为上等豆交易。

资料

PICK UP! 关注产地

地区：霍阿拉拉
海拔：500~800m
栽种品种：铁毕卡
生产处理：水洗式
风味特性：柑橘系列的热带芳香，酸味富有层次，味道分明

麦卡农庄
Mauka meadows mountain

毛那洛伊山西侧的霍阿拉拉一带被称为科纳咖啡带，专门生产高品质的科纳咖啡。麦卡庄园在夏威夷岛的种植面积最大。较大的昼夜温差，适度的雨量以及富含有机物质的弱酸性土壤，栽种环境十分理想。全部进行人工采摘，夏威夷阳光充足，可以采用自然干燥。庄园的咖啡生产包括从栽种到烘焙的所有环节，这在夏威夷的庄园中属于少数。

印度尼西亚
Indonesia

苏门答腊岛特有的曼特宁咖啡，在世界上获得了很高的评价

印度尼西亚以苏门答腊岛为首，爪哇岛、西林伯斯岛等地都栽种咖啡。小规模庄园的生产量达到总产量的90%，大多数都是罗布斯塔种。1860年，印度尼西亚的铁毕卡种发生了锈叶病，数量大大减少，所以改种了抗虫害能力强的罗布斯塔种。

印度尼西亚的代表咖啡品种曼特宁主要栽种在苏门答腊岛的亚齐州。苏门答腊岛上的阿拉比卡种就是曼特宁咖啡，精品咖啡品评会对曼特宁咖啡给予了很高的评价。

■栽种品种

卡蒂姆、铁毕卡、罗布斯塔。

■生产处理

4~9月、11月至次年3月，分2次收获。主要是自然干燥处理方式，一部分会进行水洗式处理。曼特宁的加工方法采用的是苏门答腊式生产处理方式。

■评价方法

根据筛网大小和瑕疵豆来对咖啡定级。筛网定级依次为“large”“smart”。瑕疵豆从少到多，依次定级为“等级1”至“等级5”。

资料

PICK UP! 关注产地

地区：卡兰
海报：1000~1200m
栽种品种：卡蒂姆
精制方法：自然式处理
风味特性：拥有类似摩卡一样的独特芳香，甘味和果香（西番莲）味道浓郁

瓦哈娜庄园
Wahana

位于苏门答腊岛的卡兰市，这里生产一种独特的咖啡，就是天然曼特宁咖啡。通常收获后，会马上对咖啡豆进行苏门答腊式加工，除去果肉，进行自然干燥。由于苏门答腊气候条件不太好，要进行自然干燥比较困难，所以导入了新设备进行干燥。这样生产出来的咖啡拥有了一股以往的曼特宁咖啡所没有的独特香味，与摩卡咖啡接近。

巴布亚新几内亚 Papua New Guinea

较新的咖啡产地，生产高品质咖啡豆

巴布亚新几内亚位于澳大利亚北部，由浮在南太平洋上的纽基尼亚岛的东部以及其他300多个岛屿构成。热带气候，湿度较高，年降水量多，适合栽种咖啡。

1928年，巴布亚新几内亚从牙买加的蓝山地区移植阿拉比卡种，开始栽种咖啡。另外从肯尼亚移植了阿拉善咖啡种。主要栽培地区为以西部芒特哈根为中心的纽基尼亚中央高原一带。海拔高，气候凉，生产优质咖啡豆。

■栽种品种
主要栽种铁毕卡、波本、阿尔善等。

■生产处理
4~9月份收获。人工采摘，进行水洗式处理。

■评价方法
根据筛网大小和异物的混入程度对咖啡豆进行定级。近年巴布亚新几内亚开始奖励出口，所以对评价标准也进行了更新，根据筛网大小、外观、杯评、烘焙程度对咖啡豆进行规格定级。

资料

地区：瓦基峡谷
海拔：1600m
栽种品种：铁毕卡、波本、阿尔善
生产处理：水洗式
风味特性：醇香味浓郁，酸味适度，拥有自然干燥铁毕卡所特有的甘甜味

西格里庄园 Sigri estate

1950年设立的西格里庄园位于芒特哈根地区的瓦基峡谷上，海拔1600m，气候凉爽，雨量充足，气候变化大。人工采摘成熟的咖啡果实，花4天的时间进行水洗式生产处理。之后，花10天时间进行自然干燥，干燥后的咖啡豆呈现翡翠色。庄园生产的咖啡豆获得了世界的高度评价，属于高品质咖啡豆。

埃塞俄比亚
Ethiopia

ETHIOPIA
亚的斯亚贝巴
哈勒
咖啡
西达蒙
（提格里州）

阿拉比卡种的原产国，咖啡名产地

埃塞俄比亚以阿拉比卡种的原产地闻名于世，大部分土地都是山岳地带，东部沙漠广布。咖啡的栽种以山岳地带为中心，广泛分布在全国各地，主要的产地是南部的提格里州在内的西达蒙、东部的哈勒尔州以及咖啡名字的来源地卡法（kaffa）。这个地带分布着许多咖啡名产地。

自古以来，埃塞俄比亚是世界上咖啡消费量最大的国家。非洲国家生产的咖啡主要用于出口，而埃塞俄比亚生产的咖啡有 40% 都是用于国内消费。

■栽种品种
铁毕卡等。大多数栽种埃塞俄比亚的固有品种。

■生产处理
传统的自然干燥较多，水洗式处理方式也在增加。

■评价方法
根据瑕疵豆的多少对咖啡豆进行定级。依次可划分为 8 类，从“等级 1”至“等级 8”，“等级 5”以上规格的咖啡豆才可以出口。

资料

PICK UP!
关注产地

地区：提格里州
海拔：1800m
生产处理：水洗式
风味特性：香味浓郁，酸味优良温和，花卉般的风味，像红酒一样

科契尔庄园
Kochere station

提格里州的咖啡在埃塞俄比亚是最好的咖啡。科契尔是提格里州内一个地区名，几家小规模农庄生产的咖啡豆品质都很好。人工采摘有机栽培而成的成熟咖啡果，收获后在水洗工场进行水洗处理，进入高床干燥棚进行干燥。此地的咖啡豆以其独特的风味广受好评。

肯尼亚
Kenya

以研究为本，进行积极调查，产出高品质咖啡豆

赤道下方的肯尼亚1年有2次雨季，分2次收获。从肯尼亚山到西侧的阿布戴尔山脉周边，从内罗毕的北部到肯尼亚山之间的地区为咖啡的主要产区，同时，这里也是精品咖啡的产区，非常有名。海拔高，土壤肥沃，适合咖啡栽种。

19世纪末期，肯尼亚开始栽种咖啡，世界上首家咖啡研究机构对咖啡的生产加工，市场调查进行了研究，生产出品质很高的咖啡豆。

■栽种品种
波本等阿拉比卡种。波本主要栽种SL28和SL34。内罗毕是咖啡研究所“SCOTT LABORATORY”的简称。

■生产处理
收获期分2次，11月至次年3月，6~7月。水洗式生产处理方式较多。

■评价方法
根据筛网大小进行评价。筛网大小为S18（7mm）以上的咖啡豆为“AA”，S15（6mm）-S17（6.75mm）的咖啡豆为“AB”，圆豆定级为“PB”。

资料

地区：鲁依鲁
海拔：1600m
栽种品种：SL28、SL34、鲁依鲁11、K7等
生产处理：水洗式
风味特性：口味醇香，酸味浓郁，富含肯尼亚风情

PICK UP! 关注产地

姆查娜庄园
Muchana estate

位于鲁依鲁地区，这个地区可以说是精品咖啡的产地，广受关注。1951年有4个庄园（姆查娜，茵格微，齐齐，姆库约）组建而成，是一个非常巨大的庄园。该庄园是一个单一的庄园，无论是生产还是管理，都是肯尼亚水平较高的。庄园占地422公顷，在园内可以进行人工采摘，用高床干燥棚进行干燥，园内的风光也得到了国际认证。

坦桑尼亚
Tanzania

以乞立马扎罗为中心，进行小规模的农家生产

坦桑尼亚是东非面积最大的国家，以海拔5895m的乞立马扎罗山为首，自然环境得天独厚。

乞力马扎罗山咖啡豆栽种于东北部阿鲁沙附近的种植园内，是阿鲁沙重要的出口产品。

此外，坦桑尼亚也栽种着其他品种的咖啡豆，主要的咖啡产地分布在国土周围的高原地带。阿鲁沙主要种植波本和肯特，西北部的布科巴种植罗布斯塔，南部的恩布梵和恩比卡等地主要种植肯特。坦桑尼亚的咖啡产地大多分布着规模较小的种植农园，这些小农园占了咖啡产地的90%以上，是咖啡产业的主要支柱。

■栽种品种
主要栽种波本和肯特。一部分地区也栽种耶加雪菲。

■生产处理
6月至次年2月收获。主要采用水洗式处理方式，耶加雪菲和一部分阿拉比卡种采用自然干燥处理方式。

■评价方法
根据筛网的大小对咖啡豆进行评价。筛网大小为S17（6.75mm）以上的咖啡豆为“AA”，筛网大小在S15（6mm）~S16（6.5mm）的咖啡豆为“AB”。

资料

PICK UP! 关注产地

地区：乞立马扎罗火山
海拔：1700m
栽种品种：波本、肯特等
生产处理：水洗式
风味特性：香味醇厚，酸味突出，带有橘子一样的酸味

阿斯卡纳庄园
Ascona estate

阿斯卡纳庄园位于乞立马扎罗山西部，广泛分布在本地区，采用先进的生产方法。园内地区进行了精细划分，按照地形，气候和植物的生长情况来划分，

也门 Yemen

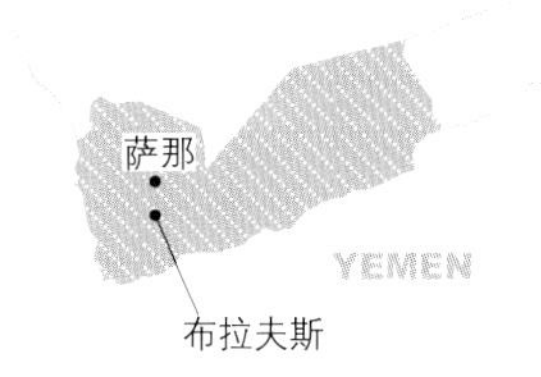

咖啡历史古国，拥有摩卡港，在阳台和旱谷地区栽种高级咖啡豆

也门与埃塞俄比亚并称世界咖啡古国。用于装卸阿拉伯咖啡的港口城市摩卡在世界上十分有名，也门咖啡摩卡马塔利自古以来就为人们所熟知。国土中间广布的高原地带，离首都萨那很近的布拉夫斯是主要的咖啡生产地区，生产优质咖啡豆。也门有一些旱谷庄园，它们采用一种很少见的咖啡种植方法，利用海拔较高的高地斜面进行栽种，生产出来的咖啡豆为高级咖啡豆。

■**栽种品种**
铁毕卡、波本等。其他的品种为也门的固有品种。

■**生产处理**
人工采摘，大部分用天然干燥方法进行生产处理。在各个庄园的屋顶进行自然干燥。

■**评价方法**
没有特定的规格，都是按照马塔利和哈拉吉等牌子进行咖啡交易。牌子的名称主要来源于产地。

资料

地区：布拉夫斯
海拔：1500m
栽种品种：铁毕卡、波本、也门固有品种
生产处理：天然干燥
风味特性：风味丰富，如红酒一般，醇味浓，有果香

PICK UP! 关注产地

布拉夫斯

也门咖啡处理机构会对布拉夫斯地区的小规模农园所生产的咖啡豆进行统一处理，生产精品咖啡豆摩卡。虽然各个庄园咖啡豆品质不一，但是每户农家从收获，处理到出口，机构都能成功进行管理，所以每家庄园咖啡豆的品质都还算稳定。也门引入了意大利的挑选机，如今瑕疵豆数量有所减少，味道也更加清新。

强

5

也门　摩卡马塔利
摩卡

摩卡是以前出口咖啡港口的名字。马利塔是最高级的也门咖啡。有果香，酸味和浓厚的醇香味。

推荐烘焙度 中度烘焙

危地马拉
薇薇特南果

薇薇特南果与4000m高山相连，是西北部的高地。生产的咖啡豆醇香味浓，有巧克力芳香。

推荐烘焙度 中深度烘焙

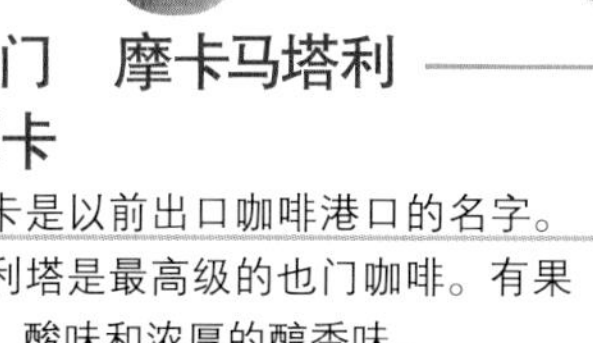

4

3

墨西哥　阿尔图拉
拉斯拉哈斯庄园

墨西哥咖啡中最上等的就是产自高海拔产区的阿尔图拉咖啡豆，酸味和苦味均衡，拥有独特的上等风味，味道清淡。

推荐烘焙度 中度烘焙

夏威夷　科纳
Extra Fancy

用夏威夷岛的火山灰质土壤进行栽种，基本没有什么缺点的高品质咖啡豆。刚刚好的酸味，醇香，烘焙的芳香和柑橘类的果香。

推荐烘焙度 中深度烘焙

2

巴西　圣托拉斯 No.2

巴西的咖啡豆输出规格中没有No.1，所以No.2就成为了最高级的咖啡豆。味道均衡，柔软温和，常用作风味咖啡打底。

推荐烘焙度 中度烘焙或者中深度烘焙

牙买加　蓝山咖啡
No.1

这款咖啡豆是最高级蓝山产区中大粒咖啡。香味浓郁，有花香，醇香和甘甜味道，十分高雅。

推荐烘焙度 中度烘焙

1

酸味　弱

弱　1　2

苦味

咖啡豆目录

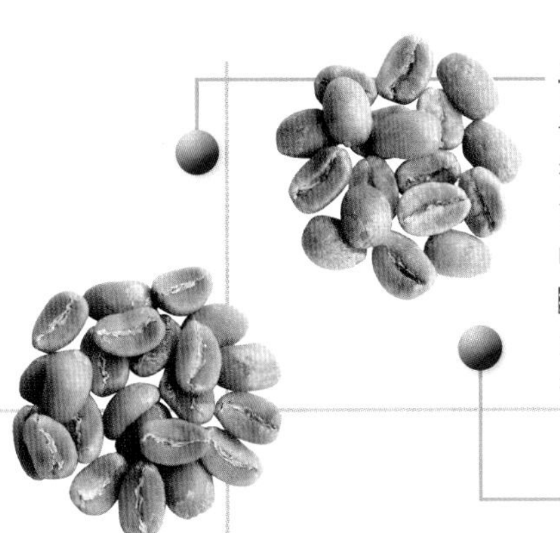

哥伦比亚　特级水洗咖啡豆

哥伦比亚根据咖啡豆的大小对咖啡豆进行定级。特级水洗咖啡豆也是最上等的高级咖啡豆品种。有丰富的酸味和醇香味，有一种干燥后的杉树和杏仁香味。

推荐烘焙度 中度烘焙，味道较为清淡。如果烘焙程度为中深度以上，味道会变得厚重。

印第安APAA 布鲁克林农园

印度产地中海拔最高的 siebaroi 地区的布鲁克林农园所产的咖啡豆。

推荐烘焙度 深度烘焙

印度尼西亚　苏门达腊 漫特宁　Blue　Batak

产自苏门答腊岛的亚齐州，在塔洼尼湖的旁边。成熟的水果香味，或者是根菜和药草香味。味道纯净，无杂味。

推荐烘焙度 中深度烘焙，味道较为均衡。如果喜欢独特味道可以进行中度烘焙。

坦桑尼亚 AA masanté

日本通常称之为乞立马扎罗，是一种非常流行的咖啡。与赞比亚国境相邻，南部是咖啡豆的产区，所生产的咖啡豆质量很好，有酸味，香味和醇味。

推荐烘焙度 中深度以上烘焙，味道会变得非常浓厚。

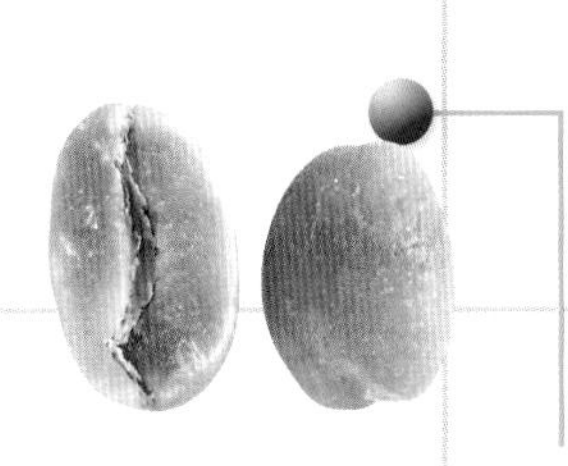

哥伦比亚　马拉戈日皮

马拉戈日皮种咖啡个头较大，烘焙较难。如果通火久会散发出浓郁的香味。即便同为哥伦比亚的咖啡豆，但是比特级水洗豆的味道更加温和。

推荐烘焙度 中深度烘焙

埃塞俄比亚　咖啡

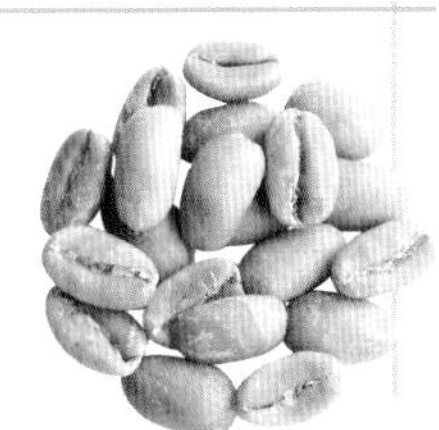

埃塞俄比亚是阿拉比卡种的原产地，这是埃塞俄比亚咖啡产区所产的咖啡。也是咖啡一词的来源地。拥有上等的酸味和果香味。

推荐烘焙度 中深度烘焙

3　　4　　5　强

※ 咖啡的苦味与酸味

这里所介绍的酸味和苦味都是按照推荐烘焙度操作的味道。烘焙度不同，咖啡的味道也不同。一般来说，烘焙越深则苦味越浓、酸味越淡，烘焙越浅则苦味越淡、酸味越浓。

品尝咖啡

咖啡的美味表达

我们品尝咖啡后，不能只说咖啡美味，要说出咖啡美味在什么地方。像柠檬一样的酸味，像奶糖一样的清香，这些词语都能很好地描述咖啡的美味程度。如果该咖啡属于精品咖啡，那么它的产地特性是很明显的。一旦咖啡能够让我们感受到不同的风味时，品尝咖啡的乐趣自然就显现出来了。

风味的主要关注要素

咖啡的风味表达

	综合表达	具体表达
酸味	清爽，令人心情舒畅，活跃，温和，柔和。	“柑橘系列酸味”：柠檬、柑橘、橙子、葡萄柚。 “南国水果系列酸味”：西番莲、菠萝、木瓜、芒果。
香味		“浆果系列酸味”：蓝莓、木莓。 “乳酸菌酸味”：酸奶。
本体味道	像丝绒一样的厚重，丰富，像奶油一样浓郁。	
余韵	味道持久；伴有甘甜味；清爽，丝滑。	
协调性	风味稳定，让人心情舒畅。	

桃子、葡萄柚、花朵（紫罗兰、百合等）、药草。

我们可以用柠檬和木莓等具体的物体来比喻，也可以用活跃等形容词来表示，总之，咖啡风味的表达是多种多样的。

品尝咖啡后，对各个风味要素我们可以用类似“带有柠檬一般味道的咖啡”来表达。

品尝方法

一开始我们只要评价咖啡的酸味，香味和本体味道 3 个项目，好好感受各个要素的味道。我们打算品尝过后将评价写在专业用纸上，所以我在自己家中将评价要点记录了下来。

■ 解说

堀口俊英
(咖啡工厂 HORIGUCHI)
Toshihide Horiguchi
咖啡工厂 HORIGUCHI 的代表。日本品尝咖啡的第一人。堀口咖啡研究所进行咖啡的栽种，精制研究，也从事咖啡行业的顾问工作。

选择圆形调羹为好，这样容易舀起咖啡。

将中烘焙咖啡豆进行中粗研磨，量好咖啡粉放入耐热玻璃杯内（150ml 热水中放入 8.25g 咖啡粉）。本来我们要将咖啡粉放入 5 个玻璃杯内进行品尝的，这是为了确认是否存在误差，但是在家中品尝时只要放 2 个玻璃杯即可。摇动玻璃杯，闻一下咖啡粉的味道。

注入 90~95℃的热水，等待 3~5 分钟。

确定咖啡的香味。

用调羹弄散咖啡粉。此时，咖啡粉下覆盖的香味会飘散出来，仔细确认咖啡粉的香味。

用调羹除去咖啡粉表面的水泡。

用调羹舀起咖啡，像吸面条一样品尝咖啡的味道和香气。

如何鉴别缺陷咖啡豆?

虫食豆

霉豆

未成熟豆

死豆

咖啡豆都是以生豆（未经烘焙、加工的豆）的状态从产地出口进来的。理想的咖啡豆在形状、厚度、大小、颜色等方面都是均衡的。但是我们要找到各种条件均衡的咖啡豆几乎是不可能的。

为了让咖啡豆更接近理想状态，我们用手来挑选咖啡豆，也就是人工作业除去咖啡豆中不必要的物质和瑕疵豆。所谓瑕疵豆，就是虫食豆、发酵豆、霉豆、未成熟豆、病豆、死豆以及豆以外的混入物。如果用这些瑕疵豆进行烘焙、提炼，会大大损害咖啡的香气和风味，无论用怎么高超的技术也无法掩盖瑕疵豆混入所带来的味道。所以有必要在烘焙之前再进行一次人工挑选，确认选好的咖啡豆颜色和尺寸是均衡的。经过挑选后，平均来说水洗式咖啡豆会减少 15%~30%，自然干燥咖啡豆会减少 40%。虽然我们丢弃了瑕疵豆，但是这些瑕疵豆能够成为植物的肥料。

第三章

咖啡生活的乐趣

咖啡拉花、风味咖啡、调和咖啡等，可以说咖啡具有无限的魅力。让我们一起来享受更多咖啡生活的乐趣吧！

心形拉花——复杂的拉花设计

充满魅力的咖啡拉花技术

将牛奶注入到意式咖啡内，描绘出美丽的形状，这就是咖啡拉花技术。如果能够掌握咖啡拉花技术，无论何时都能品尝到咖啡的味道。接下来为大家介绍咖啡拉花技术。

挑战咖啡拉花技术

首先我们来调制卡布其诺

人气咖啡卡布其诺拥有松软的口感，像牛奶一般的香味。虽然配方仅有意式咖啡和成形牛奶如此简单，但是调制也是需要技术的，我们要看透意式咖啡的奶油状态，在合适的温度内让牛奶起泡。

材料（1杯）

意式咖啡…………………………… 30ml
牛奶………………………………… 125ml

味道三要素
其一　冲泡出美味的意式咖啡
其二　调制纹理细腻的泡沫牛奶
其三　泡沫与液体的分配要均匀等

步骤 1

冲泡意式咖啡

提炼时，热水与咖啡的精华成分会乳化，产生独特的味道。一般而言，我们会在乳化之前提炼出25~30ml的原液。如果提炼后没有产生奶油状物质，即便我们注入牛奶也只是形成白浊液体，所以我们对每一个步骤都要进行确认。

过滤器内咖啡粉的放入方法，摊平方法，填塞压平方法，都会对咖啡味道产生很大的影响。

冲泡好的意式咖啡表面有一层奶泡。

步骤 2

调制泡沫牛奶

调制纹理细腻的泡沫牛奶，这样咖啡的口感会更加润滑。如果调制时间过长，温度会变高，牛奶的甘甜味道会遭到破坏。带出甘甜味道的温度范围为 62~63℃，也就是说 62~63℃是调制细腻纹理泡沫牛奶的最佳温度。一开始温度较低，空气能够完全进入，之后尽可能延长泡沫的搅拌时间，这一点很重要。

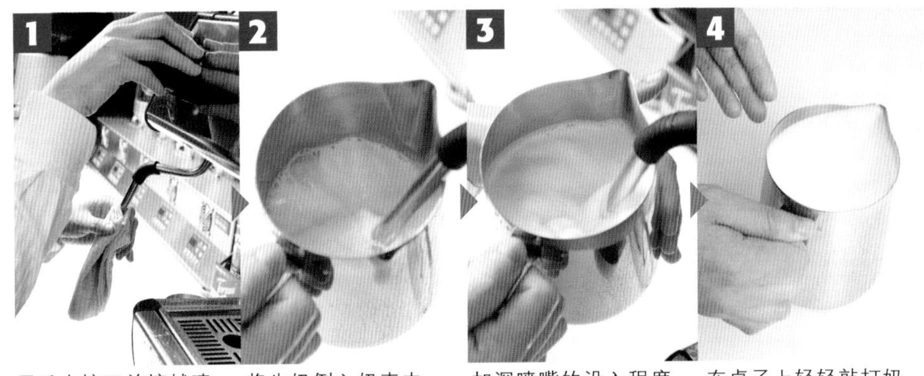

1 用毛巾按压并擦拭喷气装置，去除喷嘴内的水分。

2 将牛奶倒入奶壶内，喷嘴尖端浸入牛奶，打开喷气装置，2~3 秒内空气会进入牛奶。

3 加深喷嘴的没入程度并进行搅拌。到约 60℃时，会觉得烫手。

4 在桌子上轻轻敲打奶壶的底部，除去较大的气泡，来回画圆形，让液体与气泡充分融合。

家用机器的使用诀窍

与咖啡店的制作方法有所不同，家用意式咖啡机的蒸气力度大多较弱，在这里介绍能够，让空气进入牛奶的方法。在温度达到 62~63℃之前，我们要花时间将喷嘴放入以制造泡沫，时间比上述步骤所说的长，然后用调羹等工具去除较大泡沫，然后按照步骤 4 进行操作。

步骤 3

装杯

牛奶泡沫调制完毕之后，我们要从边缘部位开始，将牛奶泡沫注入到装意式咖啡的杯内，这样卡布其诺就做好了。进行咖啡拉花时，等杯中的牛奶浮至表面后，再注入牛奶泡沫，仿佛要将之前的牛奶压至杯底那样。这样杯面会呈现茶色，之后就可以细细描绘形状了。

1 提起奶壶，要离咖啡杯有些距离，从高位置注入。

2 瞄准浮起的奶泡，重新注入。

3 表面变成茶色。

4 开始描绘设计形状。

心形

倾斜咖啡杯，从高位置将牛奶泡沫注入意式咖啡的中间（图片1），直至液体上升到咖啡杯的一半位置，将奶壶拿至中间稍前位置（图片2，3），一边注入牛奶一边拿起咖啡杯（图片4，5）。最后提高注入位置，纵切一画，完成心形拉花（图片6）。

叶子形

倾斜咖啡杯，从高位置将牛奶泡沫注入意式咖啡的中间（图片1，2），直至液体上升到咖啡杯的一半位置，拿近奶壶，牛奶要向咖啡杯的里层流动并朝左右方向摇晃，稍微放低奶壶至咖啡杯的稍前位置（图片3，4，5）。注入至底部后，提高注入位置，纵切一画，完成叶子拉花（图片6）。

郁金香形

倾斜咖啡杯，从高位置注入牛奶泡沫（图片1）。直至液体上升到咖啡杯的一半位置，拿近奶壶，将牛奶注入至中间位置（图片2）。奶泡浮起后，停止注入（图片3）。往浮起的奶泡注入牛奶，压下一开始注入的牛奶。重复此操作（图片4，5），从高位置开始纵切一画，完成郁金香形状的拉花（图片6）。

重叠心形

倾斜咖啡杯，从高位置注入牛奶泡沫（图片1）。直至液体上升到咖啡杯的一半位置，拿近奶壶，将牛奶注入至中间位置（图片2）。往浮起的奶泡中注入牛奶，注意要维持原来的样子注入牛奶。重复此操作（图片3，4，5）。最后纵切一画，完成心形重叠拉花（图片6）。

反拉心形

咖啡杯的提手朝向要与杯体朝向一致，从高位置注入牛奶泡沫（图片1）。直至液体上升到咖啡杯的一般位置，拿近奶壶，将牛奶注至中间位置（图片2）。奶泡浮起后，左右摇晃奶壶，注入牛奶，液体达到咖啡杯顶部位置时，停止注入（图片3）。180 度旋转咖啡杯的提手，画出 3 个小圆形（图片4，5）。最后纵切一画，完成拉花（图片6）。

波纹心形

倾斜咖啡杯，从高位置注入牛奶泡沫（图片1）。直至液体上升到咖啡杯的一半位置，将奶壶拿近至咖啡杯边缘位置（图片2，3），沿着咖啡杯注入牛奶，左右摇晃勾画波浪（图片4，5）。最后在波浪的终点位置勾画小圈，纵切一画，完成拉花（图片6）。

来自精品咖啡店“堀口咖啡”的

基本款与新款咖啡配方

只需要花费一些功夫，就能够调制出新口味咖啡。今天我们向大家介绍人气咖啡店的咖啡配方，包括基本款咖啡以及新款咖啡。

充满创意的咖啡世界

提起咖啡，很多朋友都比较熟悉拿铁和卡布其诺，日本的咖啡店从很久以前就使用深度烘焙咖啡豆调制了多种口味的咖啡。“堀口咖啡店”进一步推动了日本咖啡文化的发展，它提出了新的咖啡配方。

堀口先生认为，由于精品咖啡的观念日益深入人心，所以我们对咖啡要有更多创意。其中的一个创意便是将咖啡与水果结合在一起的配方。优质咖啡豆所带有的酸味与水果的酸味组合起来，十分协调，这是堀口先生推荐给大家的咖啡创意配方。

首先我们要打好基础，知道咖啡豆的味道，并且，要合理地发挥想象，想象在这种味道上加上什么样的味道会更美味呢？创意咖啡的世界就是一个充满想象的世界。

堀口咖啡的世田谷店

由品尝咖啡第一人堀口俊英经营的精品咖啡店。咖啡店内有一款只在特定时期内销售的原创咖啡，这款原创咖啡十分受欢迎。

原创咖啡的基本款，奶味浓，口感温和。

咖啡牛奶

Cafe au lait

咖啡与牛奶的基本比例为1 ：1。咖啡豆为深度烘焙，提炼出浓度较高的咖啡原液，味道完全不会被牛奶夺走。注意不要让牛奶沸腾，要用滤茶网注入牛奶，这样可以让咖啡的样子更加美观。

材 料

深度烘焙热咖啡……………………………100ml
牛奶…………………………………………100ml

调制方法

1 用锅温一下牛奶，注意不要让牛奶沸腾。

2 将热咖啡注入咖啡杯（装咖啡牛奶的杯）。

3 注入温牛奶。

种类众多的牛奶咖啡

在欧洲，咖啡原本是用来消除牛奶的腥味。与法国的牛奶咖啡一样，意大利的拿铁也是用咖啡和牛奶混合调制而成的，但是拿铁是在意式咖啡内加入蒸汽牛奶。往深度烘焙的咖啡内注入起泡的温牛奶，这样的混合物被称为牛奶咖啡。其咖啡与牛奶的量相等。

牛奶的松软，
意式咖啡的醇香。

基本款咖啡
2

玛其朵咖啡

Mamlhiato

玛其朵在意大利语中是“印记”的意思，牛奶的白色与意式咖啡的茶色对比鲜明。为了让咖啡的口感更加温和，调制纹理细腻的牛奶泡沫是关键。如果意式咖啡与牛奶的注入量一致，咖啡就变成了卡布其诺，所以我们要特别注意。

材 料

意式咖啡………………………………30ml
牛奶……………………………………120ml

调制方法

1 用意式咖啡机的蒸汽装置温牛奶并对牛奶进行打泡操作，调制60~65℃的牛奶泡沫。

2 往咖啡杯内注入牛奶泡沫。

3 从上方开始慢慢注入意式咖啡，在牛奶的表面画上印记。

玛其朵的种类

根据注入方式来划分，玛其朵有两种。上述所说的是将意式咖啡注入牛奶泡沫，在表面勾画印记；与此相对的另外一种则是往意式咖啡内注入少量牛奶泡沫，然后在表面勾画印记的类型。玛其朵咖啡拥有独特的风情和味道，所以受到了人们的喜爱。

基本款咖啡 3

口感润滑，香气透明感十足，夏季热门咖啡。

冰咖啡

Ice Coffee

调制美味冰咖啡的秘诀在于“急速降温”，利用冰块让刚冲好的热咖啡急速降温，这种方法能够带出咖啡豆本身所蕴含着的香味。咖啡的味道会随着时间的消逝逐渐沉淀下来，香气富含透明感，调制好后马上即可饮用。

材 料

深度烘焙热咖啡………………… 100~120ml

冰块……………………………………… 适量

调制方法

1 往玻璃杯内加入满满的冰块。

2 从冰块上方浇上刚冲好的热咖啡。

冰滴

与用热水提炼的方法相比，不经热变化提炼出来的部分苦味浅，香味醇。冲冰滴咖啡时，水倒在咖啡粉上，一滴一滴进行提炼，除此以外还有其他方法，如果我们利用冲麦茶的过滤器包装袋，操作就变得简单起来了。将中度研磨的深度烘焙咖啡豆放入包装袋，包装袋装入容器，注入热水，然后放进冰箱，至少要放 8 个小时。我们根据自己喜欢的咖啡浓度调整时间。

崭新的颜色组合，
酸甜略有苦味，沙冰状。

木莓摩卡
Raspberry Mocha

这款咖啡只有夏季才会在堀口咖啡店售卖，非常受消费者欢迎。木莓与咖啡调和起来味道酸甜纤细，添加可可茶，带出了本体（P120）的味道。乍一看，颜色十分新鲜，是咖啡饮料所没有的粉红色。

材料

A 冰咖啡……………………… 80ml
木莓（冷冻）………………… 8粒
胶糖蜜………………………… 10ml
可可糊
（巧克力沙士也可）………… 适量
香草冰淇淋…… 1个球（约50g）
冰块…………………………… 适量
木莓（冷冻，摆盘用）……… 适量

木莓在法语中是覆盆子的意思。

调制方法

1 将材料A放入搅拌机，搅拌至糊状。
2 将冰块放入1内。
3 将摆盘用的木莓放在上面。

搅拌要均匀，这样调制出来的咖啡口感才会更好。

醇厚的黑糖，甘甜的香蕉，
与咖啡的风味充分融合。

黑糖香蕉咖啡

Brown sugar syrup & Banana Cafe

香蕉与黑糖完美融合，如果我们能够使用完全成熟的香蕉，那么调制出来的咖啡味道会更加浓厚。这个配方必须有冰咖啡，将意式咖啡、香蕉和黑糖的味道充分融合在一起。

材 料

A 意式咖啡双份 ……………… 60ml
香蕉……………………………1/3 根
黑糖汁…………… 1 大勺（15ml）
香草冰淇淋……… 1 球（约 50g）
冰块……………………………… 适量

调制方法

1 将香蕉切成圆片状。
2 将材料 A 放入搅拌机，充分搅拌。
3 将冰块放入 2 内。

将香蕉削成片状，用搅拌机充分搅拌。

与木莓摩卡一样，搅拌要均匀，这样调制出来的咖啡口感才会更好。

蜂蜜和生奶油的醇香甘味衬托出咖啡的风味。

调和咖啡

Honey Coffee

优质咖啡的复杂风味与蜂蜜高度融合。蜂蜜的添加让咖啡的味道发生了变化。推荐大家使用“百花蜂蜜”。

材料

深度烘焙热咖啡………………… 120ml
蜂蜜………………… 1大勺（15ml）
生奶油…………………………… 40g

调制方法

1 打泡，将生奶油打泡至8分程度。
2 倒半勺蜂蜜到咖啡杯内。
3 将热咖啡倒入咖啡杯。
4 加上奶泡，最后淋上剩下的半勺蜂蜜。

为了让打泡后的生奶油浮在咖啡的表面，我们要慢慢地淋上蜂蜜。

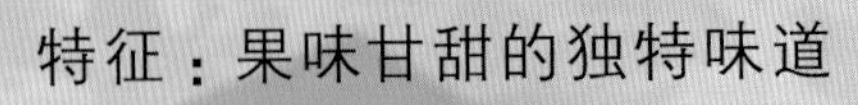

特征：果味甘甜的独特味道

风味咖啡

烘焙咖啡豆的时候，直接对咖啡豆进行香味加工，这就是风味咖啡。风味咖啡开发于1980年的美国。夏威夷的狮王咖啡和科纳咖啡均属于有名的风味咖啡。在国内也出现了专门的风味咖啡店，人气不断攀升。大家可以找到自己喜欢的香味，在自己家中享受愉快的咖啡时光。

香气的盛宴，风味咖啡的世界

何谓风味咖啡？在咖啡内添加肉桂或者爱尔兰甜酒，这是风味咖啡的起源。

1980年，ZAVIDA coffee的创始人查尔斯为了咖啡“风味、香味”的融合，与咖啡调味师的研究开发机构一起，开始了新的咖啡研究开发。

之后，他们便产生了一个新想法，尝试给咖啡豆添加香气进行烘焙，导入了风味咖啡的概念。

于是风味咖啡这种新的咖啡形式便出现了。风味咖啡种类丰富，受到了美国和加拿大消费者的喜欢。

调味与冲泡

香味添加方法：

① 提炼完咖啡后，添加浆化好的调味剂。

② 在烘焙的同时添加香味。

一般来说，第二种方法采用的比较多。不仅可以享受到咖啡的独特芳香，还能享受到满屋的果香。

风味咖啡的冲泡方法与普通咖啡的冲泡方法相同，但是我还是推荐大家尽可能使用滤纸滤杯进行提炼。

歌蒂梵
GODIVA

这款风味咖啡运用传统方法调制而成。

1926 年 Draps 一家在比利时的布鲁塞尔开始制作高级巧克力，而高迪瓦（GODIVA）这个牌子则源于此。除巧克力之外，还在世界上广泛销售咖啡、可可茶、曲奇饼、冰淇淋等种类丰富的产品。

包装袋为高级的金色。严格挑选阿拉比卡种咖啡豆进行加工。总共有 4 个种类。

风味咖啡

商品名	风味	说明
法国香草	法国香草	高级华丽，带有奶油香草一样的香味。
牛奶	牛奶	牛奶香气。
巧克力松露	巧克力	这款风味咖啡使用了巧克力松露香料。

狮王咖啡
LION COFFEE

日本主要的夏威夷风味咖啡。

这是一家创立于1846年的夏威夷风味老牌咖啡店，店内很多产品采用的都是夏威夷科纳地区生产的咖啡豆。圣诞节时会推出限定的风味咖啡，同时包装袋上面的标签插画还提供改变风味的服务，让消费者能够享受咖啡的乐趣。

为了表现自家咖啡的卓越性，采用了百兽之王——狮子作为象征标签。

风味咖啡

商品名	风味	说明
香草澳洲坚果	香草 澳洲坚果	坚果的柔和香味与香草的甘甜香气。
狮王奶香	奶香	牛奶香气。
澳洲坚果巧克力	巧克力 澳洲坚果	巧克力与澳洲坚果的完美融合。

高乐雅咖啡
Gloria Jean's COFFEES

风味咖啡品牌，正在全世界不断推进中。

1979年创立于芝加哥，是全美洲排名第一的风味咖啡品牌。现在属于澳大利亚国际公司的旗下，在世界39个国家拥有约1300家门店。蕴含奶糖、香草、巧克力、坚果等丰富香气。

诞生于芝加哥的风味咖啡。有14种香气变化。

风味咖啡

商品名	风味	说明
法国香草特选级	香草	令人心情舒适的芳草清香，有治愈作用。凭借其高雅温和的香气，在女性中大受欢迎。
狮王奶香	奶香	若有似无的坚果口味和口中溶解的奶糖清香让人印象深刻。
澳洲坚果巧克力	巧克力 澳洲坚果	甜巧克力与坚果香味的配合十分协调！喜欢甘甜芳香的朋友绝对不能错过！

爱咖啡
Love time cafe

宣传口号：享受风味咖啡的乐趣。

“Love time cafe”品牌的风味是一款原创配方，直接在咖啡豆上进行香味加工，产量较少。美味的咖啡，治愈力十足的香气，为您提供绽放笑脸的美好时光。

严格挑选咖啡豆，从挑选，烘焙到香味加工，均由经验丰富的咖啡从业人员担任。

风味咖啡

商品名	风味	说明
草莓	草莓	加入牛奶，能够让人享受到草莓松饼一样的风味。
巧克力杏仁	巧克力杏仁	巧克力与杏仁的醇香味道搭配在一起，增加了绝妙的香味和风味。
榛果	榛果	甘甜清香的榛果，能够给身体带来好处的咖啡因。

莱丽咖啡
RIE COFFEE

这款风味咖啡香味浓郁，广受美国人喜爱。

ROAST公司在洛杉矶以其传统工艺广受人们的信赖，其主人亲自到咖啡豆产区严格挑选高品质的新鲜咖啡豆，进行精细地烘焙。清淡口感，味道分明是这款风味咖啡的特征。

配合不同的咖啡豆，用烘焙机进行精细地烘焙。总共有13种风味。

风味咖啡

商品名	风味	说明
香蕉奶油	香蕉	香蕉的甘甜芳香在口中蔓延，如同吃甜点一样。
肉桂榛果杏仁	肉桂 榛果杏仁	最受欢迎的风味咖啡。 肉桂的甘甜芳香和榛果杏仁的芳香可以说是完美搭配。
巧克力木莓	巧克力 木莓	巧克力的甘甜香气和木莓的酸味十分绝妙。

皇家咖啡
ROYAL KONA

风味咖啡的顶级品牌，当属皇家，再无其二。

皇家咖啡45年来一直使用高品质咖啡生豆，公开所有的原料生产国，这在风味咖啡当中非常珍贵。

严格挑选10%阿拉比卡种夏威夷科纳咖啡豆，品牌种类有6种。

风味咖啡

商品名	风味	说明
香草 澳洲坚果	香草 澳洲坚果	香草的香味与澳洲坚果的香味调和在一起。
槭槭糖浆 卡布其诺	槭槭糖浆	在卡布其诺的醇香味道上添加了槭槭糖浆的温和香气。
摩卡·澳洲坚果	摩卡咖啡 澳洲坚果	摩卡（卡布其诺）与澳洲坚果的香味混合在一起。

德斯坦咖啡
BAD ASS COFFEE

这款咖啡在全美洲掀起了一股热潮，夏威夷精神品牌。

这个咖啡品牌创立于1989年。这个咖啡品牌使用从夏威夷运来的贵重咖啡豆。世界上非常稀少的有机咖啡以“卡纳咖啡”为首，能够让人享受到正宗的夏威夷咖啡风味。

为了带出咖啡豆原本的风味，我们直接将烘焙后的咖啡豆加工处理出风味原液状态。

风味咖啡

商品名	风味	说明
HULA PIA	巧克力 香草 澳洲坚果	将这3种原材料完美奢华地融合在一起，可以说是Bad Ass最受欢迎的风味。
巧克力 木莓	巧克力 木莓	巧克力的甘甜与木莓的酸甜调和在一起，很受女性消费者的欢迎。
椰子朗姆酒	椰子 朗姆酒	叶子的甘甜与朗姆酒的成熟风味。

夏威夷风味乐士咖啡
Hawaiian Isles

夏威夷三大咖啡厂商之一，拥有独特的风味乐趣。

夏威夷当地有许多人气咖啡品牌。顶级风味的科纳品牌只采用科纳和卡图艾品种种植而成的优质咖啡豆。略显清淡的口感更加突出了夏威夷风味，能够给品尝者带来轻松的感觉。味道醇香，容易入口。

包装精美，富含浮雕感。

风味咖啡

商品名	风味	说明
香草澳洲坚果	香草澳洲坚果	夏威夷老牌风味咖啡，排名人气咖啡首位，香草与坚果充分融合，味道醇香兼具高雅。
奶糖卡布其诺	奶糖	奶糖的甘甜芳香与高级科纳咖啡味道十分协调，调制出来的口味十分温和。
榛果杏仁	榛果杏仁	口味特征：高雅的上等清香，丝滑的舌尖触感。

东京青山美味咖啡
Aoyama Groumet Coffee

日本首家风味咖啡店，正以丰富的形式开展业务。

日本首家风味咖啡店开业于1995年。自开业以来，风味咖啡种类众多，为日本消费者所熟知。咖啡店吸引了很多消费者，从咖啡初学者到咖啡发烧友，覆盖范围很广。

咖啡店内的工作人员进行原料调度，直接输入，让消费者能够享受到精选的咖啡香味和风味。

风味咖啡

商品名	风味	说明
奶糖杏仁	奶糖 杏仁	使用高级阿拉比卡种咖啡豆，味道甘甜微苦，奶糖与杏仁味浓郁。
香草 榛果杏仁 奶油	香草 榛果杏仁	轻度烘焙过的俄勒岗州榛果杏仁带有清甜芳香，同时还有奶油香草的芳香。
精品黑巧克力	黑巧克力	比利时黑巧克力风味浓厚 。

横滨咖啡（横滨风味咖啡）
BR Coffee

自制风味咖啡，采用新鲜咖啡豆，口味主要面向日本人。

公司创立于1998年。经过百货店和活动的促销试饮环节，2006年在日本神奈川县六角桥开设了门店。2010年作为横滨风味咖啡店登录乐天市场。现点现做，咖啡风味新鲜度很高。

易被日本人接受的咖啡风味。

风味咖啡

商品名	风味	说明
奶糖香草	奶糖 香草	最受欢迎的人气商品。即便是不喜欢风味咖啡的人也容易入口。
奶糖杏仁	奶糖 杏仁	甘甜清香十分浓厚，在风味咖啡的爱好者当中支持度很高。
榛果杏仁奶油	榛果杏仁	在杏仁系列咖啡中，这款咖啡人气最高。

咖啡问屋
COFFEE TONYA

咖啡新鲜度很高。

在 Fresh Roast 咖啡问屋内，巴西 No.2#18 最适合用来调制风味咖啡，以这款风味咖啡为基础的咖啡种类有 11 种。烘焙后的咖啡非常新鲜，略带苦味，风味多彩，与平常的咖啡相比，味道有少量不同。

以巴西 No.2#18 为基础调制而成的风味咖啡有 11 种，味道清香，微苦。

风味咖啡

商品名	风味	说明
香草	香草	甜腻魅惑的甘甜芳香。
榛果杏仁	榛果杏仁	口味芳香温和。
奶糖	奶糖	风味甘甜松软。奶糖与咖啡的丝丝苦味融合十分协调。

海豚咖啡
IRUKA COFFEE

这款风味咖啡重视咖啡的新鲜度，味道，香味和治愈效果。

这款风味咖啡专注于咖啡的治愈效果，每次饮用时都能给人带来治愈效果。现点现调，一杯香味新鲜的风味咖啡，目前这款咖啡的风味有 4 种。

以哥伦比亚等南美地区生产的咖啡豆为主，烘焙时注重协调性，容易入口。

风味咖啡

商品名	风味	说明
甜奶糖 香草	奶糖 香草	奶糖与香草是最佳搭配，排名风味咖啡首位。
肉桂 奶油焦糖布丁	奶糖 肉桂	焦糊的奶糖与顶级的肉桂风味。
奶油 榛果杏仁	榛果杏仁	口味醇香，榛果杏仁的温和甜味。

咖啡深入到人们的生活当中，给人们带来了许多乐趣。让我们来了解一下这些乐趣吧！

咖啡杂学

咖啡的祖先究竟在何处？

咖啡树属于茜草科植物，种类众多，为人所熟知，这些植物起源于非洲大陆，早在3000年前就存在了。

波本种曾经在波斯莱斯和阿维森纳所著的医书中出现过，这个波本种究竟是不是指咖啡呢？波本种熬出的汤汁味道清淡，但是有刺激性，据记载，这种汤汁对胃部非常好。

什么才是日本独特的咖啡？

现代的日本咖啡在历史上展示了其特有的性质，那就是罐装咖啡。

在日本，一年要消耗100亿以上的罐装咖啡，200万台以上自动售货机，4万家以上的便利店销售咖啡，其气势远远超过面向上流阶层销售常规咖啡的从业人员们的声音。

“逛银座”与咖啡的关系

1888年（明治21年）日本开设了第一家咖啡店。这家咖啡店位于东京下谷，名为“可否茶馆”。

到了明治后期，咖啡开始进入普通人的生活，于是咖啡店开始多起来。其中，1911年（明治44年）在银座开业的“咖啡之屋”最为有名。巴西·圣保罗政府无偿提供咖啡豆，1杯5文钱。巴西咖啡在日本普及开来，“逛银座”的本义是在银座喝咖啡，喝咖啡的地点则是“咖啡之屋”。

“咖啡之屋”现今在银座的 8 丁目。

咖啡的发展进程

咖啡的起源	埃塞俄比亚一位名叫卡尔迪的牧羊少年发现他的山羊吃了咖啡果实后，一直处于兴奋状态，他从中发现了咖啡。这就是所谓的“卡尔迪牧羊传说”。 ※ 传说众多。
7 世纪左右	伊斯兰教当中，对是否应该饮用咖啡争议很大，产生了一种排斥咖啡的倾向。
1454 年	伊斯兰教法学判定咖啡饮用合法。
15 世纪左右	也门的伊斯兰教徒将咖啡作为一种提神饮料饮用，有助于修行。
16 世纪初期	奥斯曼帝国合并了阿拉伯地区，在奥斯曼帝国的首都伊斯坦布尔诞生了世界上首家咖啡店。之后，咖啡店开始迅速席卷欧洲。
1605 年	罗马教皇克雷芒八世用伊斯兰教的咖啡饮料为教徒做洗礼，基督教徒也可以饮用咖啡（咖啡洗礼）。
18 世纪后半期	荷兰人将咖啡带进日本。
1888 年	日本上野诞生了第一家咖啡店“可否茶馆”。

以最新数据为基础，分析咖啡给人体带来的影响。

咖啡与健康

预防疾病

自古以来，人们就非常关注咖啡与疾病之间的关系，经过近 20 年的发展，咖啡与疾病之间的关系越来越明显。

根据报告显示，饮用咖啡的团体与不饮用咖啡的团体相比，患糖尿病和癌症的风险较低。

在医学方面，咖啡可能与众多疾病的预防存在联系的课题即将成为研究重点。

预防糖尿病

日本的糖尿病患者较多，主要原因可以归结为人们的生活习惯（2 型糖尿病），而饮用咖啡的人患糖尿病的风险较低。根据调查报告显示，1 天喝 1 杯咖啡的人与不喝咖啡的人相比，患糖尿病的风险低一些。

众所周知，糖尿病的预防与改善生活习惯有重大关系，比如饮食限制和运动等。目前还没有找到治疗糖尿病的有效药物。

因此，有部分医学研究人员将希望寄托在咖啡上，咖啡是否可以用来预防糖尿病呢？是否可以从咖啡当中提炼出预防糖尿病的药物呢？

预防癌症

虽说都是癌症，但是癌症也有很多种，所以我们不能一概而论。多份调查报告显示，针对肝癌和女性的子宫癌，一部分饮用咖啡的人诱发癌症的几率低于不喝咖啡的人。特别是肝癌，有报告显示，喝咖啡与不喝咖啡的人相比，患肝癌的几率要更低一些。另外，1 天喝 2 杯以上咖啡的人与不喝咖啡的人相比，乳癌的复发几率要减少一半以上，这一点已经得到了证实。

与此相反，有报告显示，摄入过多咖啡的男性患膀胱癌的风险会较高。

总而言之，癌症的种类不同，咖啡的预防效果也是不同的。但是，从整体上来看，喝咖啡的人或多或少患癌症的几率会低一些。

预防痴呆

有多个调查结果显示，摄入咖啡和咖啡因的人们罹患阿尔茨海默症和认知症（痴呆症）的几率会低一些。这引起了医学界相关人员的强烈关注。

与不摄入咖啡因的人相比，患病几率要小，这一点不仅可以从报告中得到证实，也获得了动物实验结果的支持。

但是，由于研究结果较少，所以关于咖啡能否用于预防疾病这一点，我们还需要进行详细的探讨。

咖啡功效 Q&A

咖啡自古以来就被世界上很多居民喜欢、饮用。咖啡究竟会对人类产生怎样的影响呢？这一点引起了世界上众多咖啡爱好者和研究人员的热烈讨论。

世界总是在变化的，伴随着科学的进步，咖啡对人的身体和心理所产生的影响也是在变化的。

很多观点认为，咖啡有助于美容，有助于减肥，接下来让我们一起来寻找咖啡的典型功效吧！

Q 提神效果怎么样？

A 说到咖啡对人体的影响，很多人脑中最先浮现出来的就是咖啡因所带来的提神效果。

咖啡因能够让中枢神经系统（脑部和脊髓）兴奋，能提高人们的五官感受和神经功能（头部的运转），从而达到消除睡意的功能。

夜晚长途驾驶实验的结果表明，1 杯咖啡相当于小睡 30 分钟，并能够获得 30 分钟睡眠以上的提神效果。所谓“提神咖啡”正是如此。那假如我们每隔 30 分钟就喝 1 杯咖啡一直不睡是不是也没有关系呢？其实并不是如此，当我们有睡意的时候，还是要小睡一下的。

Q 喝咖啡是否能够帮助清理肠胃？

A 咖啡是否能够治疗便秘？这个问题从以前开始就受到很多人的关注，结果好像也是有用的。

根据英国的调查显示，3 成咖啡饮用者（其中有 6 成是女性）认为咖啡有通便的效果。

另外，咖啡的通便效果与中药的通便效果一样，仅对大肠有温和作用，不会妨碍到小肠的营养吸收。

但是，清肠作用并没有体现在全部的咖啡饮用者上，有少数咖啡饮用者认为，喝了咖啡后腹部消化变慢，所以咖啡的清肠效果可能并不是适用于所有人。

Q 咖啡是否可以消除疲劳？

A 有人认为在繁忙的工作之后喝上一杯咖啡是一种享受，在他们眼中，咖啡拥有减少头脑和身体疲劳的功效。

另外，不仅仅是用脑所带来的精神疲劳感和紧张感，咖啡还能够减少肌肉的疲劳，所以在工作和运动之前喝上一杯咖啡，就不会让人容易感觉疲劳了。

饮用咖啡后，由于咖啡因的作用，人们的心情会比较兴奋，心理的紧张感会减少，这一点也从报告中得到了证实。

Q 是否能够加快脑部活动？

A 由于咖啡因的作用，脑部不容易感到疲劳，所以脑部的活动效率会有所提高。

众所周知，如果持续不断地解答算术练习，正确率会得到提高。

但是，咖啡并不能提高人本身的学习能力和记忆能力，所以不能认为只要喝了咖啡，就能够考上好大学，就能出人头地。

Q 孕妇可不可以饮用咖啡？

A 怀孕时，孕妇不可以吃药，摄入酒精，与这些物质相比，咖啡和红茶不会有太多的问题，所以适量饮用是不会产生问题的。

但是，有报告显示，怀孕初期过多摄入咖啡因，孕妇流产的风险比较高。所以一天喝 2~3 杯为宜。

另一方面，也有报告显示，咖啡对于缓解孕妇的紧张情绪十分有效，所以如果能够将咖啡量控制在 2~3 杯以下，那么我们也可以在怀孕期间享受到咖啡生活所带来的乐趣。

Q 减肥期间可以饮用咖啡吗？

A 咖啡中所含有的咖啡因可以激活脂肪酶，脂肪酶能够促进脂肪的分解，所以与水相比，咖啡有大约 2 倍的燃烧脂肪的效果。

饮用咖啡后的20~30分钟内是咖啡因在血液中浓度最高的时候，如果要做一些有氧运动（比如散步，慢跑等），那么我们可以在开始运动前20~30分钟内喝一杯咖啡，这样能够有效地促进身体脂肪的分解。另外，由于我们是饮用咖啡后再开始运动的，身体内残留糖原，所以不会感觉到饥饿。

如果与糖分一起摄入咖啡，脂肪燃烧效果会有所减弱，所以最好是喝黑咖啡。

咖啡用语

A

Aroma（香味）

进行杯评测试时，提炼咖啡原液的香味。很多时候表述咖啡香味，常用药草和果香味来表达。

阿拉比卡种

咖啡三大种类之一。其他两种分别为罗布斯塔种和中果咖啡，阿拉比卡种是三大种类中品质最好的。产量最大，占咖啡豆产量的 70%~80%。原产地为埃塞俄比亚，主要栽种在高地。

B

Bar

意大利一些咖啡店，提供咖啡但不提供座位，所以人们必须站立着饮用。

"Rainforest Alliance"

1987 年，为了保护全球环境，成立了以保护热带雨林为主要目的的非营利性环境保护组织。环境保护，耕作方法，劳动环境等各方面条件满足标准的咖啡种植庄园可以获得该组织的认证。

Barista

站在吧台，熟悉意式咖啡冲泡方法的专家。JBC 和 WBC 也会举办一些冲泡专家的竞赛。

Blend

数颗咖啡豆混在一起的状态，或者，用这些咖啡豆冲泡而成的咖啡。产地，配合比例，烘焙程度的不同组合，出现了众多的咖啡配方。

杯评

为鉴定咖啡品质而进行的味道检测。从各个方面进行评价，包括香味，酸味，协调性，本体味道和余韵程度。也称为杯评测试。

本体味道

咖啡的味道，这是一个味觉词语，指咖啡的口感，口味以及舌尖触感。

冰滴咖啡

也称为水滴咖啡。使用细细研磨的咖啡粉，用水花费长时间进行咖啡的提炼。这种咖啡是荷兰人在殖民地印度尼西亚创立出来的咖啡品种。将咖啡粉塞入袋内，浸水后即可进行提炼。

C

产地特性

在咖啡生产过程中，与庄园，生产者，生产处理法等方面相关的信息。随着产地特性的出现，产地明确的咖啡开始上市。

D

单品咖啡

用单一咖啡豆冲泡而成的咖啡。

F

法兰绒滤杯

使用布制的法兰绒过滤器，用滤杯进行提炼时使用。这种滤杯能够带出咖啡豆本身所特有的味道，口味丝滑。

非水洗方式

不加水，采用自然干燥方式对咖啡生豆进行精细加工处理。

风味咖啡

在咖啡豆上添加肉桂，巧克力，香草等调味剂，或者调好咖啡后，加入甜调味剂的咖啡。

G

哥伦比亚温和派

这是三个咖啡国家的总称，分别是哥伦比亚，肯尼亚，坦桑尼亚。纽约的期货交易所和国际咖啡机构将其归类为高品质的水洗阿拉比卡种。

H

黑咖啡

不添加牛奶和奶油的咖啡。日本所说的黑咖啡多指的是无糖咖啡，原本黑咖啡也是可以添加砂糖的。

烘焙

煎炒生豆。烘焙度不同，咖啡的香味也不同。

虹吸式咖啡机

由烧瓶，漏斗和过滤器等工具组合而成的咖啡提炼机。这种冲泡方法利用气压进行提炼，演示价值高。

I

Ibrik

土耳其咖啡的提炼过程中，不过滤咖啡粉，直接饮用上层的澄清原液。提炼时要用到一种长柄器具。这种器具用铜或者黄铜制作而成，带有长柄。也被称为 cezve。

J

精品咖啡

这是一种栽培过程明确，具备产地独特风味和特征的高品质咖啡。但是，关于精品咖啡的定义，当今世界上没有明确的定义，在很多咖啡生产国和消费国都设立有协会。

旧咖啡豆

收获后放置 2 年以上的咖啡生豆。含水量低。也称为老咖啡豆或者是陈咖啡豆。

K

卡利塔式滤杯

滤纸滴漏式咖啡的代表性滤杯。底部有 3 个孔，孔眼很小，这是该款滤杯的外观特征。我们常会拿它与梅利塔式滤杯做比较。Kono 式滤杯和 Hario 式滤杯都很有名。

咖啡带

包括赤道在内，北纬南纬 25° 以内的狭长地带称为咖啡带，适合栽种咖啡。也可以称为咖啡区域。

咖啡果

咖啡的果实。一旦咖啡果成熟后，果实会变红，像樱桃一样。

咖啡过滤器

起源于美国的循环式提炼器具，被称为咖啡壶内的篮子，放入咖啡粉，直接将过滤器放在火上就可以进行提炼。操作简单，常用于野营或者是户外冲泡咖啡。

咖啡品鉴会（COE）

咖啡品鉴会会对每年生产的咖啡豆做鉴定，给出“最高级咖啡豆”的称号。由国内外的业界专家进行鉴赏，经过至少 5 次以上的杯评测试后才会得到最终结果。

咖啡调理师
这是一种服务行业的资格制度，由日本精品咖啡协会（SCAJ）运营， 以学习咖啡知识和咖啡基本信息为基础。该协会会面向协会会员举办相关讲座和考试，如果考试合格，就能够获得咖啡调理师的资格认定。

咖啡因
咖啡、可可豆、茶叶当中所含有的一种苦味成分，天然有机化合物生物碱的一种。有兴奋，利尿，强心的作用。

可持续发展
为了能让咖啡行业稳定发展，我们要考虑到环保要素和公平交易要素。考虑可持续发展而进行的咖啡生产。

L

老豆
收获后放置了 1 年左右的咖啡生豆。

老化
生豆脱水后，为了促进生豆成熟，我们会将它们拿进仓库放置一段时间。这样一来，能够减少烘焙难度，让咖啡生豆的味道更加醇香。

利比里亚种（大果咖啡）
咖啡三大原种之一，非洲的利比里亚种主要栽种在平地和低地，抗病虫害能力强，环境适应能力强，与阿拉比卡种和罗布斯塔种相比，果实较大，苦味浓，现在，在西非的一部分国家有少量种植，基本不在日本销售。

罗布斯塔种
咖啡三大原种之一，美国原产品种，耶加雪菲的亚种。栽种在低地，与阿拉比卡种相比，抗病虫害能力强，但是味道和品质较为低劣，有一种独特的异味，常被加工成速溶咖啡。占咖啡总产量的 20%~30%。

绿生豆
当年收获后放置数月以内的绿色生豆。含水量多，香味浓。

滤杯咖啡
滤纸滴漏式咖啡和法兰绒滴漏咖啡都是通过滤杯提炼而成的。

滤纸滤杯
使用纸制的过滤器，是一种滤杯咖啡提炼方法。

M

梅利塔式滤杯
滤纸滴漏式咖啡所使用的提炼工具。底部有 1 个孔，卡利塔式滤杯则是 3 个孔，提炼时，滚水流动效果会影响到咖啡的醇味。

美式咖啡
用浅烘焙咖啡豆冲泡而成的咖啡。不加糖和奶，浓度较低的咖啡是美式咖啡的特点。

磨粉
将烘焙好的咖啡豆研磨成粉末状。研磨方法不同，咖啡粉末的大小也有所不同，咖啡的味道也会发生变化。

N

奶泡
提炼意式咖啡时，咖啡表面会形成一层红茶色的泡沫。味道香醇。

内果皮

银皮与果肉之间茶褐色的内果皮。带内果皮的咖啡豆风味不差，所以一些产地会保存带内果皮的咖啡豆进行销售。

牛奶搅拌器

卡布其诺和拿铁中使用的起泡工具。有手动和电动式。

P

泡沫牛奶

通过蒸汽让牛奶起泡所形成的泡沫牛奶。

平豆

咖啡果当中会有相连在一起的咖啡豆。连接面较平，所以我们称之为平豆。

R

Roast

烘焙机或者指烘焙者和烘焙人员。

认证咖啡

获得 NPO 和其他官方机构认证的咖啡。“公平贸易”“鸟类友好”“雨林联盟”。

桑托斯

巴西咖啡的外港。位于巴西圣保罗的海岸，是世界上最大的咖啡装运港口 。

筛网

分类生豆时要使用筛网，孔（筛网数目）越大，豆就越大。

生豆

处理好咖啡果，将有价值的种子部分作为商品销售。塔利咖啡。

人工挑选

将混入咖啡生豆内的瑕疵豆和异物人工取出。

双层烘焙

进行 2 次烘焙。调整咖啡豆的含水量，使咖啡豆颜色均匀，香味舒适。

霜害

由降霜所引起的咖啡灾害。以前巴西曾经因为大规模霜降而导致咖啡产量减少了 2/3，引发了市场价格的上升。

水洗式

用水洗式方法加工咖啡豆。这种处理方法精细程度较高，可以尽量避免异物和瑕疵豆的混入，所以很多的咖啡生产国会采用水洗式处理方式。

速溶咖啡

咖啡液经过干燥，或者是蒸发水分后，将其加工成粉末状。加入开水溶解饮用即可。

填塞器

意式咖啡机器具的一种。将咖啡粉放入过滤器内，进行填塞。

填塞器

将咖啡粉塞入意式咖啡机过滤器内，用填塞器填塞。填塞操作可以改变意式咖啡的味道，所以力度的掌握很重要。

W

Welge

瑕疵豆的一种，指的是未成熟的咖啡豆。这个词在葡萄牙语中是绿色的意思。如果咖啡豆内混入未成熟咖啡豆，冲泡出来的咖啡会带有青涩味，难以下咽。

X

西雅图咖啡

主要提供以意式咖啡为中心的咖啡配方，发祥于美国华盛顿西雅图的咖啡。有星巴克咖啡、塔利咖啡。

细度

让咖啡粉均匀的方法。另外，细度指的是网眼的大小，我们也可以称为咖啡粉的粗度。

瑕疵豆

指的是混入咖啡生豆中的不良咖啡豆，有黑豆、发酵豆、霉豆、贝壳豆、虫食豆和未成熟豆。如果不人工剔除，这些瑕疵豆会给咖啡的味道带来不好的影响。

香味 fragrance

杯评测试时闻咖啡粉的香味。

小咖啡杯

意式咖啡使用的小咖啡杯。容量大概在60~90ml。

锈叶病

咖啡叶上附着细菌，细菌导致叶片长孔，不久后叶子就会枯萎。多发于雨季，传染几率较高。有些咖啡品种由于锈叶病，甚至遭受到了灭顶之灾。

Y

研磨机

该机器能够将烘焙好的咖啡豆研磨成粉末状。分为手动式和电动式。

意式咖啡

极细研磨深度烘焙的咖啡豆，利用专门的机器提炼而成的咖啡。一般在法国和意大利饮用较多。

意式咖啡机

提炼意式咖啡的机器。将咖啡粉塞入过滤器内，用填塞器按压，利用蒸汽一次性提炼咖啡原液。机器很多都带有蒸汽喷嘴，有了这个咖啡机，卡布其诺和拿铁的调制就变简单了。

银皮

覆盖在咖啡豆外侧的薄皮。在精制阶段，咖啡豆的银皮会被除去。

有机咖啡

无农药，有机栽培的咖啡豆或者是用该种咖啡豆冲泡而成的咖啡。

圆豆

由于发育不全，所以咖啡果内只能生长出 1 颗咖啡豆，呈圆形。

圆锥滤杯

圆锥形，用于滤纸滴漏式咖啡机。中间有一个大孔，配置上专用的滤纸过滤器，就可以使用了。容易调整咖啡的味道是该款滤杯的特征。

Z

蒸汽牛奶

用蒸汽温好的牛奶。